走进化工

杨元一 主编

中国化工学会
中国化工博物馆
全国石化行业企业科协联合会
中国石化长炼科学技术协会
组织编写

中国石化出版社
HTTP://WWW.SINOPEC-PRESS.COM

内容提要

《走进化工》从整体面貌上介绍化学工业，从化学工业的原料、主要的工艺方法、主要的化工产品及应用、化学工业给人类生活带来的变化，到化工和环境、安全的关系，希望给读者一个大化工的基本全貌，了解化工究竟是干什么的，应该如何理性对待它，使广大读者提高现代科学发展意识，增长安全、环保、防范危机的知识和能力。

《走进化工》适合具有中学以上文化程度的大众群体、媒体工作者、政府工作人员、从事化工人员及关心化工的其他行业的从业人员参考阅读。

图书在版编目（CIP）数据

走进化工 / 杨元一主编．—北京：中国石化出版社，2018.8（2025.7 重印）

ISBN 978-7-5114-5014-2

Ⅰ．①走…　Ⅱ．①杨…　Ⅲ．①化学工业－基本知识
Ⅳ．① TQ

中国版本图书馆 CIP 数据核字（2018）第 199005 号

中国石化出版社出版发行

地址：北京市东城区安定门外大街58号
邮编：100011　电话：（010）57512500
发行部电话：（010）57512575
http：//www. sinopec-press. com
E-mail：press@ sinopec. com
北京艾普海德印刷有限公司印刷
全国各地新华书店经销
*
710×1000 毫米 16 开本 11.75 印张 1 插页 183 千字
2018 年 8 月第 1 版　2025 年 7 月第 2 次印刷
定价：68.00 元

《走进化工》编委会

前言

PREFACE

古代人们的生活更多地依赖于对天然物质的直接利用，由于需求的提高，便产生了各种加工技术，把天然物质转变成具有多种性能的新物质。凡运用化学方法改变物质组成或结构、或合成新物质，都属于化学加工技术。这样，许多自然界没有的物质被源源不断地创制出来，手工作坊演变为工厂，逐渐形成了一个特定的生产门类，即化学工业。

化学加工在古代已经存在，人们在酿造、冶炼、制陶、染色以及制造药品、火药和肥皂方面利用了化学加工。18～19世纪的产业革命时期，社会化大生产开始了，这正是近代化学工业诞生的时候。面临产业革命的急需，吕布兰法制纯碱（1791年）等技术应运而生，已有的铅室法制硫酸（1840年）得到发展，解决了纺织、玻璃、肥皂等工业对酸、碱的需求。

随着炼铁、炼焦工业的兴起，从煤焦油分离出的芳烃和以电石生产的乙炔为基础的有机化工也得到发展。1859年，美国人在宾夕法尼亚州钻成第一口油井，标志着近代石油工业的开始。在1860～1900年，石油的主要用途是照明（煤油）和民用燃料。20世纪初，石油成为内燃机（汽车）的主要动力，同时也促进了燃料化工（石油炼制）的大发展。

合成氨工业在20世纪初期异军突起，1909年，弗里茨·哈伯在德国卡尔斯鲁厄大学提出氮气和氢气直接合成氨的催化方法。1913年卡尔·博施进一步解决了设备问题，合成氨成为生产氮肥的主要化合物，为人类使用化肥提高粮食作物产量做出了巨大贡献，也使以氨为原料的炸药能量比黑火药提高了几十倍。弗里茨·哈伯和卡尔·博施由于合成氨方法的发明和工业成功应用，先后获得诺贝尔奖。

医学和药物学一直是人类努力探求的领域。19世纪末至20世纪初，生产出解热镇痛药阿司匹林、抗梅毒药“606”（砷制剂）、抗疟药阿的平等。这些化学合成药成本低、纯度高，表现出明显的疗效。1928年英国人弗莱明发现青霉素，美国制药企业在1940年代开始对青霉素大批量生产，在第二次世界大战中，救治伤病员收到了惊人效果。抗病毒疫苗投入工业生产后，人们对天花、鼠疫、伤寒等曾经无法控制的灾害，有了有效的方法。还有各种临床化学试剂和各种新药物剂型的不断涌现，使人类健康有了更可靠的保证。

化工高分子材料成为新的材料工业。1937年德国法本公司开发丁苯橡胶获得成果。1937年美国人卡罗瑟斯成功合成尼龙66，用作降落伞及轮胎帘子布。以后涤纶、维尼纶、腈纶等合成纤维陆续投产，逐渐占有天然纤维和人造纤维的大部分市场。塑料方面，20世纪50年代中期由于齐格勒－纳塔型催化剂的出现而使聚烯烃（通用塑料）工业崛起，德国人卡尔·齐格勒和意大利人居里奥·纳塔也因此获得诺贝尔奖。

精细化工在农药、染料、医药中间体、食品添加剂、洗涤用品、化妆品、涂料等方面的用途大量拓展，数量众多的新结构化合物被合成出来，在人类生活的各个方面得到应用。

20世纪60～70年代进入现代化学工业时代，生产装置日趋大型化。进入21世纪，我国自行设计、建设的炼油厂规模达到千万吨级，乙烯工厂达到百万吨级。化工厂在安全、环保、长周期可靠性运行方面都得到长足发展。同时，高性能、高附加值化学品不断出现，如电子化学品、高性能合成材料、高能材料和日用化学品等。

今天的世界化工产品已经无处不在，但往往被社会大众“日用而不知”，作为化工行业从业人员，我们希望能够给大家介绍一个化工的基本面貌，从而使社会公众正确地了解化工、认识化工。

本书是在《石化与生活系列科普丛书》(中国科协企业创新服务中心、全国石化行业企业科协联合会、中国化工学会、中国石化长炼科协组织编写，中国石化出版社出版)的基础上重新架构大纲并组织撰写完成。读者对象是媒体工作者、政府工作人员、从事化工人员和关心化工的其他行业从业人员，以及具有中学以上文化程度的大众群体。本书在编纂中不免存在不足，真诚希望对我们的工作提出宝贵意见与建议，我们将继续努力，为广大读者奉献更多更好的化工科普作品。

最后引用金涌院士的一段话结束本文：

“坦言化学和化学工程还不完美，直面其所遭遇到的重大挑战，正是因为它们的无可替代。因为它们对人类已经做出的巨大贡献并且还将做出更大贡献。”

杨元一

2018年8月

目录

CONTENTS

第 1 篇
了解化工

第 2 篇
化工产品的生产与应用

第 3 篇
化工的风险和防控

第 4 篇

化工有美好的未来

附录

CHAPTER

1

第 1 篇

了解化工

1.1 什么是化工

1.1.1 化工与化学是一回事吗?

化学与化工，简单来说，一个是理科，一个是工科。

化学是自然科学的一种，在分子、原子层次上研究物质的组成、性质、结构与变化规律。它主要由五个二级学科组成：无机化学、有机化学、物理化学、分析化学与高分子化学。它的代表性规律之一是门捷列夫的元素周期表。

化工是“化学工业”和“化学工程”的简称。化学工程也是一级学科，它的主要内容是“三传一反”（质量传递、热量传递、动量传递和反应工程），也就是说，化工把化学、物理的原理，用工程化的方法，将它规模化地付诸实施，从而达到大规模、低成本、安全环保地生产化学品的目的。凡是运用化学方法改变物质组成、结构或合成新物质的技术，属于化工生产技术。当然，在实际化工生产中，除了化学方法，还有物理方法和其他学科的方法。其他工业部门，也有用到化学方法。

1.1.2 化学工程是一门什么学科?

化学工程是研究化学工业和其他过程工业生产中所进行的化学过程和物理过程共同规律的一门工程学科。这些工业从石油、煤、天然气、盐、石灰石、其它矿石和粮食、木材、水、空气等基本的原料出发，借助化学过程和物理过程，改变物质的组成、性质和状态，使之成为多种价值较高的产品。冶金、医药等工业也有“过程工业”的特征，一般要经过一系列物理的或化学的加工处理步骤。化工过程包括单元操作、化工热力学、化工反应工程、化工系统工程、化工安全和化工环保等。

1.1.3 怎样玩转“三传一反”化工魔方?

“三传”为动量传递、热量传递和质量传递。动量传递是指流体输送、过滤、沉降、固体流态化等，遵循流体动力学基本规律；热量传递是指加热、冷却、蒸发、冷凝等，遵循热量传递基本规律；质量传递是指化工过程中的不同相态之间的传递，如蒸馏、吸收、萃取、干燥等，都是指气、液、固三个相态之间的质量传递，以达到分离、提纯等目的，遵循质量传递基本规律。“一反”为化学反应工程。“三传一反”是对化工生产的主要概括。

记住“三传一反”四个字的难度不大吧？再提纲挈领，纲举目张，在与人聊天时，您瞬间就成为了行家。

1.1.4 哪些重要行业离不开化工支撑？

化工是一个多行业、多品种，为国民经济和人民生活各方面服务的工业部门，是国民经济的支柱产业。以下列举与化工密切相关的10个行业：

1. 化工产品与交通运输业

（1）运输工具名称：汽车（轿车、SUV、客车、载重车、消防车）、火车、飞机、船舶、火箭、自行车、摩托车；

（2）化工制成品名称：各种轮胎、保险杠、油箱、仪表盘和内饰蒙皮、胶管胶带、密封条、各种涂料、各种润滑油；

（3）化工燃料品名称：汽油、航空煤油、柴油、天然气、火箭推进剂（液氢、液氧、煤

▲ 包含了各种化工材料的汽车及高铁（张颖 / 摄）

油、偏二甲肼等）、各种电动车蓄电池（锂电池、燃料电池）；

（4）化工原料名称：合成橡胶、合成纤维、合成树脂、高性能复合材料、原油、润滑油基础油、各种涂料原料。

▲加油站（张颖 / 摄）

2. 化工产品与农业、林业、畜牧业、渔业

（1）相关产品名称：粮食（小麦、稻米、杂粮等）、果蔬、林木、畜牧（牛、羊、猪、鸡等）、渔业；

（2）化工产品名称：化肥（氮肥、磷肥、钾肥、复合肥、复混肥和微量元素肥）、农药（杀虫剂、杀菌剂、杀鼠剂、除草剂、生长调节剂）、兽医药、饲料添加剂（各种维生素）、农膜、喷滴灌设备、农机和渔机燃料（柴油）、渔网、船用涂料；

（3）化工原料名称：无机化工产品（化肥）、精细化工产品（农药、兽药、饲料添加剂中间体）、合成树脂、合成纤维。

▲火箭（中国化工博物馆）

▲飞机喷洒农药（中国化工博物馆）

▲化工产品（农药、化肥等）保障果树丰收（张颖 / 摄）

3. 化工产品与食品加工业

（1）相关产品名称：糕点、饼干、面包、馒头、果酱、调味品（酱油、醋、味精、料酒等）饮料、包装袋（瓶）；

（2）化工产品名称：发酵粉、调味剂、膨松剂、增稠剂、着色剂、食用香料、乳化剂、防腐剂、各种包装材料；

（3）化工原料名称：精细化工产品（食品添加剂中间体、合成树脂）。

▲与化工产品密不可分的食品——蛋糕（闫香玉 / 摄）

▲与化工产品密不可分的调味品（张颖 / 摄）

4. 化工产品与医药工业

（1）相关产品名称：抗生素、维生素、心脑血管药品、激素等各种医药、医用同位素、医用管道、针管、包装材料；

（2）化工产品名称：各种医药中间体、医用合成树脂、合成纤维、合成橡胶；

（3）化工原料名称：精细化工产品、合成材料。

5. 化工产品与纺织、服装业

（1）相关产品名称：服装、鞋、帽、各种衣料（涤纶、腈纶、锦纶、维纶、丙纶、氨纶）；

（2）化工产品名称：各种合成纤维、染料、颜料、鞋用弹性体、胶粘剂、功能助剂；

（3）化工原料名称：各种合成纤维原料（对二甲苯、乙二醇、己内酰胺、丙烯腈、丙烯等），精细化工产品（染料、颜料中间体、助剂）、合成橡胶。

▲衣与化工（中国化工博物馆）

▲用各种化工原料制成的服装（中国化工博物馆）

▲从衣服标签看化工材料的成分（张颖 / 摄）

6. 化工产品与建筑、装饰装修业

（1）相关产品名称：建筑涂料、给水管、排水管、保温材料、防水材料、装饰装修材料、照明灯具、家具；

（2）化工产品名称：各种内外墙涂料、家具漆、各种合成树脂上下水管、各种泡沫塑料保温材料（聚氨酯、聚苯乙烯、阻燃材料）、防水卷材、塑料壁纸；

（3）化工原料名称：合成树脂、合成橡胶、沥青产品、合成纤维。

▲用各种化工材料建造的房屋（张颖 / 摄）

▲家具及室内装饰中的化工（中国化工博物馆）

7. 化工产品与家电电子业

（1）相关产品名称：白色家电（电冰箱、洗衣机、电视机、空调机）、电子产品（智能手机、电脑、电子照相机等）、小型家电（微波炉、烤面包机、电饭锅、电风扇等）；

（2）化工产品名称：外壳、面板、扇叶、显示屏、保温板、各种组合部件、各种制冷剂；

（3）化工原料名称：工程塑料、通用塑料、橡胶材料、特种高分子材料、各种制冷剂原料。

8. 化工产品和卫生防护业

（1）相关产品名称：洗涤剂（洗衣粉、洗衣液、洗衣膏、肥皂）、清洁护理品（洗发液、沐浴液、洗手液）、化妆品（香水、口红、护肤霜、染发剂、指甲油等）、卫生巾、纸尿裤、手纸面巾；

（2）化工产品名称：表面活性剂（阴离子、阳离子、非离子和两性离子）、硅酸盐、沸石、酶；

（3）化工原料名称：精细化工产品。

▲洗涤用品与化工（张颖 / 摄）

9. 化工产品与文化娱乐与体育休闲业

（1）相关产品名称：塑胶跑道、羽毛球地坪、各种球类（足球、篮球、乒乓球）、球杆球拍、钓鱼竿、头盔、自行车运动器材、攀岩登山器材、健身器材；

（2）化工产品名称：各类球类合成材料面料、地坪用合成材料、碳纤维复合材料、玻璃纤维复合材料、赛璐璐、聚氨酯、高强度合成纤维；

（3）化工原料名称：合成树脂、合成橡胶、合成纤维、碳纤维。

▲用各种化工材料制造的户外用品及球类（张颖/摄）

10. 化工产品与废气、废水处理业

（1）相关产品名称：燃煤锅炉废气处理装置、汽车尾气处理装置、含COD废水处理装置；

（2）化工产品名称：脱硫催化剂、脱硝催化剂、汽车尾气处理催化剂、絮凝剂、分离膜（有机膜、无机膜、离子膜）、破乳剂、消泡剂；

（3）化工原料名称：精细化工产品。

▲膜分离示范装置实现污水回用（北京化工研究院）

1.2 化工的原料

1.2.1 哪些东西可以做化工原料?

化工的主要原料包括：石油、煤、天然气、盐、天然碱、矿物质、生物质、空气、水。

1.2.2 什么是石油？它由哪些化学元素组成?

石油又称原油，是一种粘稠的、深褐色的液体，被称为“工业的血液”。主要成分是碳氢化合物（仅由碳、氢两种元素组成的有机化合物，也称“烃类”），也含有氧、硫、氮等其他元素。

石油的组成和性质因产地而异，它会对石油炼制工艺和石油化工原料数量产生很大影响。国际上一般根据原油组成分为石蜡基、中间基、环烷基。按密度不同可分为轻质、中质、重质、特稠原油。按硫含量可分为低硫、含硫、高硫原油。

石油是古代海洋或湖泊中的生物通过漫长演变生成的复杂液态烃类化合物的混合物，主要由碳、氢元素以及少量的氧、硫、氮等元素组成，另外还有其他多种微量元素和重金属元素，如钒（V）、镍（Ni）、钠（Na）、砷（As）、磷（P）、氯（Cl）等，除碳、氢元素以外的这些杂质在石油加工中都要尽量除去。

我国是一个缺少石油的国家，石油工业起步也较晚，在大庆开采石油之前，北京长安街上的公交车车顶上背着燃气包，靠燃气作为动力运行。大庆等油田开发后，长安街上的公交车才以汽油作动力。

▲大庆开采的石油（赵思源 / 摄）

1.2.3 石油有哪些重要用途?

当前，石油的作用可谓十分重要。通过石油炼制可得到汽油、煤油、柴油、航油等交通运输燃料以及各种用途的润滑油。汽车、轮船、喷气式飞机甚至火箭发射都离不开这些燃料和润滑油，虽然新能源车成长很快，但目前液体燃料仍然是交通工具的主要能源。石油炼制的化工轻油、轻烃，是重要的化工原料。沥青是各种道路路面铺设的重要材料，其他如溶剂油、石蜡、石油焦等也都有各种用途。

1.2.4 石油化工有几条主要产业链?

除了石油炼制，石油加工的另一个方面就是石油化工，石油化工可以分成两个重要的产业链。

一是烯烃产业链，通过石脑油（或其他馏分原料）蒸汽裂解制乙烯，生产乙烯、丙烯、丁二烯等主要基本化工原料，进而生产聚乙烯、聚丙烯等合成树脂和顺丁橡胶、丁苯橡胶等合成橡胶。乙烯、丙烯的衍生物非常丰富，几乎涵盖了石油化工的各个方面。

▲ ST 第三代环管聚丙烯装置（北京化工研究院）

二是芳烃产业链，通过石油炼制的催化重整和石油化工裂解汽油的加工，生产苯、甲苯、二甲苯（分别有对二甲苯、邻二甲苯、间二甲苯三个同分异构体）、乙苯等芳烃产品，它们分别是涤纶、尼龙等合成纤维的主要原料，也是下游众多化合物和某些工程塑料的原材料。

这两个产业链的产品在整个石油化工产品中占了很大份额。

1.2.5 煤是怎样产生的？重要组分主要有哪些？

煤被认为是远古植物遗骨骸埋在地层下经过泥炭－褐煤－烟煤－无烟煤的转变所形成的一种可燃的黑色或棕黑色的沉积岩。其主要成分为碳、氢、氧和少量的氮、硫及其他元素。煤炭是地球上蕴藏量最丰富，分布地域最广的化石燃料。

碳、氢、氧是煤炭有机质的主体，占95%以上；煤中的无机物质含量很少，主要有水分和矿物质，如硫化物、硫酸盐、碳酸盐等。中国是世界上煤产量最高的国家，中国的煤炭资源在世界居于前列，仅次于美国和俄罗斯。

1.2.6 煤有哪些主要用途？

当前煤主要被用作能源资源，燃烧用于生产电力和热能，煤加热焦化生成焦炭，用于金属冶炼。其他有建材用煤，如水泥、玻璃、砖、瓦等。

煤炭也用于生产化工品，如合成氨、尿素、甲醇。近些年来，煤通过气化生产甲醇，甲醇转化为烯烃（MTO），部分替代了石油化工的原料。

1.2.7 什么是煤化工？

煤化工是以煤为原料，经过化学加工使煤转化为气体、液体和固体产品以及化学品的过程。主要包括煤的气化、液化、干馏，以及煤焦油加工，和电石乙炔化工等。

煤化工按产品路线可以分为煤焦化－焦炭－电石、煤气化－合成氨、煤制甲醇、煤制烯烃、煤制油（包括煤直接加氢制油和煤气化后费－托合成制油）等。也包括煤焦油加工制化学品。

煤气化产生的合成气（主要成分是一氧化碳和氢气）可以衍生成很多基本化工原料，如合成氨、甲醇（进一步制烯烃），现代煤化工和石油化工在一定程度上可以互为替代，但由于煤和石油的碳氢比不同，两者的加工工艺、消耗和排放也有很大区别。

我国煤化工通过技术创新，煤制烯烃、煤制油，煤油共炼等许多煤化工技术处于世界领先地位。

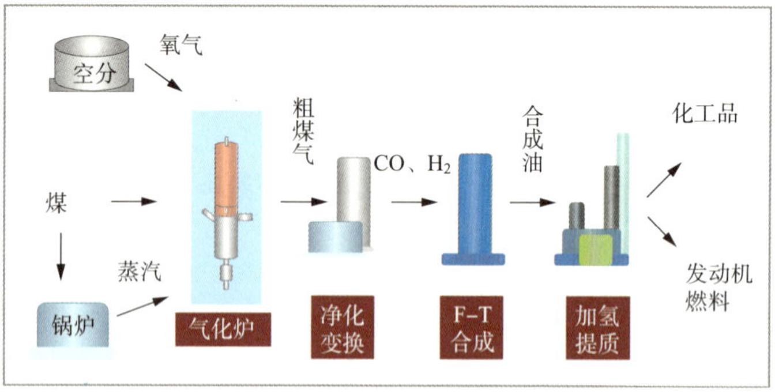

▲煤气化后费－托合成制油示意图

1.2.8　天然气是怎样形成的？其主要成分是什么？

天然气是从地下天然气矿床或石油－天然气矿床中直接开采出来的以碳氢化合物为主的可燃气体。也称为常规天然气。

天然气所含成分以甲烷为主，甲烷含量高达95%以上，其次是乙烷、丙烷、二氧化碳等。

当代天然气的外延已经扩大，根据成矿形式不同还包括煤层气、页岩气、可燃冰（甲烷水合物）等其他来源的甲烷气。它们也称为非常规天然气。

1.2.9　天然气的用途主要有哪些方面？

（1）民用燃料。天然气价格低廉、热值高、排放相对干净（燃烧一个甲烷分子，排放两个水分子和一个二氧化碳分子），是民用燃气的首选燃料。

（2）工业燃料。以天然气代替煤，用于工业燃料，用于工业锅炉以及热电厂蒸汽轮机锅炉、燃气轮机。

（3）工业生产。如烤漆生产线，烟叶烘干、沥青加热保温等。

（4）化工原料。甲烷可以通过水蒸气催化转化为合成气（一氧化碳和氢气），进一步生产化肥、甲醇，或由甲醇转化为烯烃，生产各种化学品。这方面和石油、煤互有替代性。

（5）压缩天然气汽车。用以减少汽车尾气污染问题。

1.2.10 什么是天然气化工？

以天然气为原料的化学工业简称天然气化工。

作为化工原料利用的天然气虽然仅占全球天然气消费总量的5%以下，但却生产门类众多的化工产品，年产量达2亿多吨。除了一些产量较少的一次产品如甲烷氯化物、乙炔、二硫化碳、氢氰酸、硝基甲烷等可以由天然气为原料直接制取外，作为大宗的两种化工产品——合成氨和合成甲醇都是由天然气经由合成气（$CO+H_2$）间接制取的。甲醇可以转化为烯烃（乙烯和丙烯），进而生产品种繁多的各种化工品，构成了天然气化工利用的核心。

由油气田生产的天然气所得的副产品天然气凝液（NGL）（也称凝析油）作为一种石油化工的重要原料，尤其是通过蒸汽裂解生产乙烯和丙烯，其作用和地位不可低估。由天然气（包括页岩气）凝液（主要是乙烷）生产的乙烯占到全球乙烯总产量的40%。

1.2.11 什么是页岩气？页岩气是怎么开采出来的？

页岩气是指存于富有机质泥页岩及其夹层中，以吸附和游离态为主要存在方式的非常规天然气。简单来说，常规天然气是要通过生、储、盖、运、聚、保等地质运动和地质条件富集的天然气藏，而页岩气就蕴藏在生油层里，故分布范围广、厚度大，但勘探和开采难度也大大增加。页岩气的开采普遍要采用水平井和多段压裂技术，我国已经掌握了这些技术，在页岩气的开采上取得重大突破。

1.2.12 什么是可燃冰？它的用途有哪些？

可燃冰是一种天然气水合物。因其外观像冰一样而且遇火即可燃烧，所以又被称作“可燃冰”。可燃冰广泛分布在大陆永久冻土、极地大陆架以及海洋的深水环境。可燃冰可利用的化合物是甲烷，与天然气、页岩气类似。

可燃冰储量巨大，据估计可燃冰中所含有机碳的总资源量相当于全球已知煤、石油和天然气总量的两倍，被国际公认为石油、天然气的替代能源，是世界重要的战略资源，对我国能源安全及经济发展有着重要意义。但是，可燃冰开采一直是一项世界性难题，还需通过长时间工业实践来积累经验，从而逐渐找到降低开采成本的方法，使得可燃冰开采具有经济性。

2013年6月至9月，在广东沿海珠江口盆地东部海域首次钻获高纯度可燃冰样品。2017年5月，我国首次在海域试采可燃冰获得成功。现在，可燃冰已被列为一种新的矿产资源。

1.2.13 为什么说空气是化工原料?

对于隐藏在地下水下的石油、煤炭、天然气、可燃冰等化工原料我们可能比较陌生，而空气对于每个人都非常地熟悉，因为人类时刻离不开呼吸空气。但是，你是否知道，空气也是重要的化工原料?

空气主要由氮气（体积约占78%）、氧气（体积约占21%）组成，稀有气体（氦、氖、氩、氪、氙、氡）及二氧化碳和水的比例很小。空气中的氮气和氧气是重要的化工原料，如合成氨（NH_3）里面的氮元素就来自于空气，合成氨制成各种氮肥（尿素、硝酸铵），成为农作物氮、磷、钾三大元素之一。氧气在各种氧化反应中扮演重要角色，如对二甲苯氧化为对苯二甲酸，进一步制成涤纶纤维，苯氧化生成环己酮，进一步生产尼龙纤维，诸如此类的反应不胜枚举。所以说，空气是重要的化工原料。

1.2.14 为什么说水是化工原料?

水滋润着世间万物的生长，离开了水，这个世界就没有生气。我们人体由70%以上的水组成。我国先贤老子在《道德经》中有“上善若水”之说，可见水是何等重要。水（H_2O）含有氧和氢两种元素，这两种元素在化工中都有重要作用。例如水煤浆气化制合成气（一氧化碳和氢气），其中的氢元素就大部分来自于水。电解水也能制得氢，用于各种加氢反应。水还是重要的溶剂，在许多化学反应中发挥作用。

1.2.15 盐（NaCl）能变出多少种化工产品？

盐是人们生活的必需品，食用盐约占盐总用量的一半，其中部分用于牧业饲料；盐含有钠（Na）和氯（Cl）两种元素，在氯碱工业中扮演重要角色；盐水通过离子膜电解后，生成烧碱（氢氧化钠）、氯气、氢气。烧碱进一步制成纯碱，广泛用于平板玻璃等行业；氯气用于聚氯乙烯和各种含氯化合物的生产，氯气进一步生产盐酸，广泛用于纺织、造纸、肥皂、染料、冶金、陶瓷、玻璃、医药、日常生活等各部门；氢气是重要的化工原料，也是未来燃料电池车的原料。

1.2.16 哪些矿物质属于化工原料？

化工矿是指用作化学工业原料，即用于制酸、制碱、制药、化肥等无机盐工业的矿。用于化工原料的矿主要包括：磷矿、黄铁矿、钾盐矿、硼矿、芒硝矿、明矾石矿、重晶石矿、砷矿、沸石矿、硅藻土矿、金红石矿、萤石矿、石英砂、稀土元素矿、石膏矿、地蜡矿、碘及溴等。

1.2.17 主要化工矿的重要用途有哪些？

（1）硫

硫铁矿、自然硫等主要用来制备硫酸和硫黄。硫酸主要用来制备化肥，同时也是化工、农药、医药、炸药、冶金，造纸、石油等工业部门的重要原料。实际上，现在的硫元素更多来源于天然气的副产物，例如川东北的普光气田，每年产天然气约100多亿立方米，副产物回收的硫黄有100多万吨，这种伴生气也可以看成是硫元素的一种矿藏。

（2）硼

硼矿是一种用途广泛的化工矿物，主要用于冶金、建材、机械、电器、化工、轻工、核工业、医药、农业等部门。化学工业上，用以制硼砂、硼酸。硼的各种化合物和元素硼主要用作洗涤剂、漂白剂、医药及化妆品等。

（3）磷

磷矿是一种重要的化工矿物原料。主要用于制造磷肥，为农作物氮、磷、钾三大元素之一。部分用作化工原料，用以提取黄磷，赤磷、磷酸及其他磷酸盐。高纯度的磷化合物在精细化工中用途很广，如精细磷化物和精细磷酸盐产品广泛应用于医药、电子等行业。

（4）钾盐

大家可能听说过科学家彭加木深入罗布泊科考遇险的故事。其实彭加木不惜牺牲生命要做的事情就是为了寻找钾资源，因为我国缺少而又特别需要钾资源，祖国的需要就是我国科学家的使命担当。

钾主要用以制钾肥，部分用于化工原料。钾肥是农业三大肥料之一，钾肥主要为氯化钾和硫酸钾。氯化钾用量最大，适于粮、棉等作物。硫酸钾适于麻类、蒜草，甘蔗、甜菜，柑类水果等。以前我国钾元素非常短缺，随着青海盐湖和新疆罗布泊钾盐矿的开发，钾元素短缺的情况已大大改善，成为了钾肥生产大国。

（5）天然碱

天然碱是一种蒸发盐矿物，为水合碳酸氢钠，用以制取纯碱、烧碱、小苏打等。在玻璃、造纸、染料、塑料、肥皂、洗涤剂、无机化学制品、纺织等方面均有广泛应用。

小故事：我国第一个以天然碱为原料的碱厂——乌海化工厂

1952 年，我国政府在内蒙古靠近天然碱湖和石灰石矿的拉僧庙附近建设了我国第一个以天然碱为原料的碱厂（即现在的乌海化工厂）生产烧碱。工人们从碱湖采集碱面、片碱和马牙碱放置在大铁锅里，加水、生火熬制、分步提纯，再加入从拉僧庙山上采来的石灰石，通过化学反应生产出高纯度烧碱，即氢氧化钠产品。乌海化工厂的建成投产，结束了我国过去只能加工天然锭子碱的历史，走向了真正意义上的工业化生产。乌海化工发挥当地天然碱和石灰石原料优势，积极组织科技攻关，开发了碱系列产品，为祖国的化学工业做出了重要贡献。

（6）萤石矿

萤石，又称氟石，主要成分是氟化钙，是提取氟元素的重要矿物。世界萤石产量的一半用以制造氢氟酸，进而生产各种含氟化合物和氟树脂，用于农药、医药、炼铝等多个行业。氟树脂（如聚四氟乙烯）是性能优异的合成树脂，广泛用于建筑（氟涂料、氟树脂等）、军工等领域。中国是世界上萤石矿产最多的国家之一，约占世界储量的35%。氟元素有时从磷矿石加工成磷酸的过程中也能获得。

▲氟石（赵思源 / 摄）

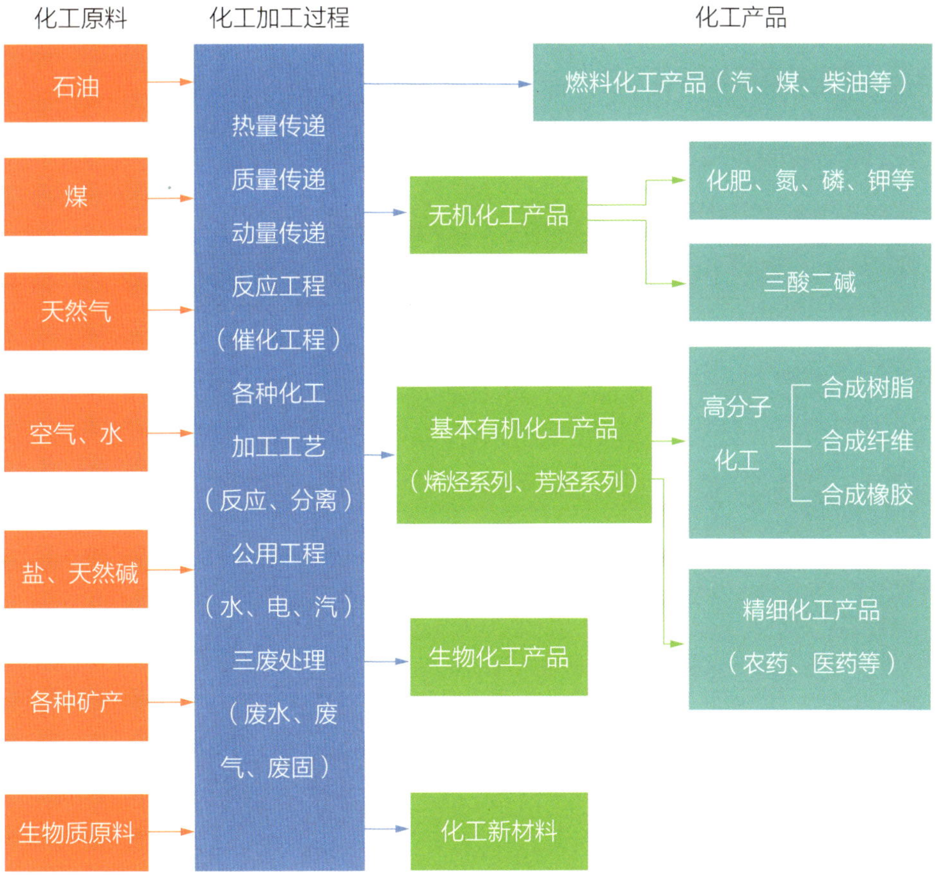

▲化工过程概图

1.2.18 什么是生物质化工原料?

生物质是指由植物、动物或微生物生命体所合成得到的物质的总称。根据国际能源机构的定义，生物质是指通过光合作用而形成的各种有机体，包括所有的动植物和微生物。有代表性的生物质如农作物、农作物废弃物、木材、木材废弃物和动物粪便。植物生物质的主要组成元素为C、H和O。生物质的特点是可再生性、低污染性、广泛分布性、资源丰富和碳中性。生物质能则是太阳能以化学能形式储存在生物质中的能量形式，它一直是人类赖以生存的重要能源之一，是仅次于煤炭、石油、天然气之后的第四大能源，在整个能源系统中占有重要的地位。以石油为原材料发展起来的化工即通常所讲的石油化工 ，与此类比，以生物质为原材料发展起来的化工叫生物质化工。通过生物质精炼可以得到与石油精炼基本一致的各种化学品，如乙醇、生物柴油、聚乳酸、淀粉塑料等。由于生物质具有可再生性，未来在化工原料中的占比会越来越大。

1.2.19 我国原油、天然气、煤炭产量知多少?

年份	原油产量/万吨	原油进口量/万吨	天然气产量/亿立方米	原煤产量/亿吨
1990	13831	292	160.7	10.80
1995	15005	1708	179.5	13.61
2000	16300	7013	272.0	13.84
2005	18135	12708	493.2	23.65
2010	20241	23931	957.9	34.28
2015	21456	33549	1346.1	37.47

注：数据来源于国家统计局及网络，供参考。

我国原油产量、进口量

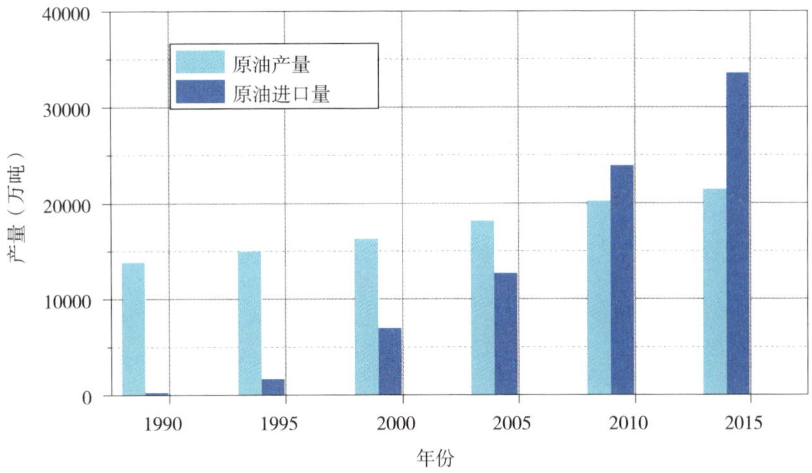

从统计数据可知，近年来我国原油产量基本保持稳定，增长幅度不大；而原油进口量增长较大，原油进口量占总消费量的比例从2010年的54%增长到2015年的61%。

我国天然气、煤炭产量

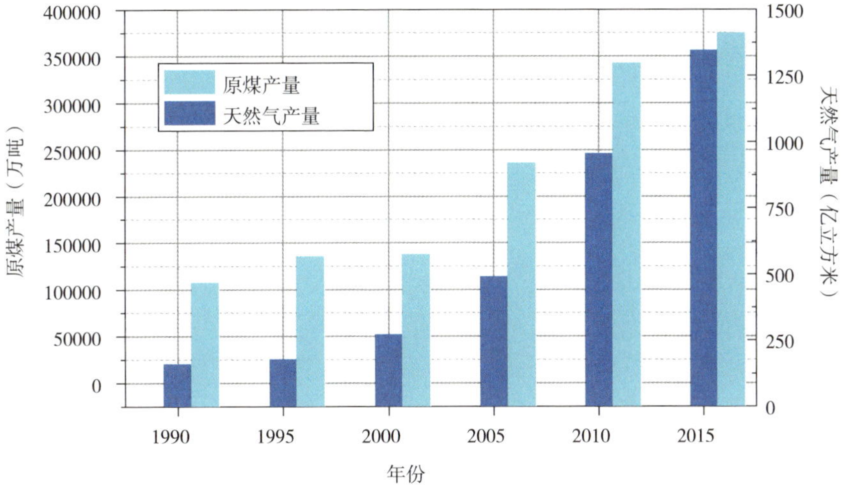

从统计数据可知，2015年与2010年相比，我国原煤产量增长幅度不大；而天然气产量增长了40.5%；但天然气产量仍然不能满足消费需要，2016年中国进口天然气约占总消费量的35%。

CHAPTER

2

第 2 篇

化工产品的生产与应用

2.1 化工基本生产过程

2.1.1 什么叫化工单元操作？常用的化工单元操作有哪些？

一个化工产品的生产是通过若干个物理过程与若干个化学反应实现的。尽管化工产品千差万别，生产工艺多种多样，但这些产品的生产过程所包含的物理过程可以归纳为动量传递、热量传递、质量传递等方面。比如，流体输送不论用来输送何种物料，其目的都是将流体从一个设备输送至另一个设备；加热与冷却的目的都是得到需要的操作温度；分离提纯的目的都是得到指定浓度的产品等。因此把这些包含在不同化工产品生产过程中，发生同样物理变化，遵循共同的物理学规律，使用相似设备，具有相同功能的基本物理操作，称为单元操作。

常用的化工单元操作有：

（1）遵循流体动力学基本规律的单元操作：包括流体输送、沉降、过滤、固体流态化等；

（2）遵循热量传递基本规律的单元操作：包括加热、冷却、冷凝、蒸发等；

（3）遵循质量传递基本规律的单元操作：包括蒸馏、吸收、萃取、结晶、干燥、膜分离等；

随着化学工业的发展，单元操作一直处在不断的发展之中。新的分离技术不断得到开发和应用，如膜分离、电磁分离、超临界萃取、超离心分离等。新的传热技术也层出不穷，如微波加热、等离子体加热。化工过程强化正在成为研究和应用的热点。

2.1.2 现代化工企业的生产有哪些特点？

现代化工企业是由一些现代化的装置模块组织而成，如原料输送、储存、预处理模块，反应和分离模块，产品精制和调和模块，产品储存、输送、包装模块，供电、供水、三废处理模块等。其中反应和分离又可以分成若干步骤。现代化工企业一般具有以下特点：

（1）生产过程具有密闭性。生产原料在不同工段进行反应时，都是在密闭的专用设备内实现。各设备、各工段之间的物料传递也是通过专用管道进行，整个生产过程密闭连接。

（2）生产过程大多具有连续性。它是诸多反应设备、传热设备、分离设备等按特定工艺组装而成的一整套生产设备，整个生产线是同时、连续工作的。

（3）生产过程自动化程度高。生产流程主要通过电脑程序自动控制，各个设备内的温度、压力、物料流量均有自动测量和自动控制，并配有高精度的自动报警装置，以保证生产安全。智能工厂示范企业已在我国流程制造行业建成。

（4）生产装置规模化，现代炼油装置一般在千万吨级以上，乙烯装置百万吨级以上。

（5）生产工艺条件苛刻，有些化学反应在高温、高压下进行，有的要在低温、高真空度下进行，原料和目的产品大都具有易燃、易爆、易中毒、易腐蚀等特性。

（6）安全、环保、产品质量要求很高。对操作人员和管理人员素质提出了更高的要求。配备有高水平的检测仪器，保证HSE（健康、安全、环境）的执行，对于各种事故有应急预案，对出现的故事能够得到及时处理。

▲为美好生活加油（杨元一 / 摄）

▲乙烯晨曲（北京化工研究院）

2.1.3 常用的化工生产设备有哪些?

化工设备是指化工生产中所需使用的各种设备，可分为动设备和静设备两类。主要用于完成热量传递、质量传递、动量传递和化学反应等过程，或用于储存物料。

化工设备通常按以下方式分类:

（1）按照结构特征和用途分为：静设备类：塔器、反应器（包括反应釜，固定床或流化床和管式炉等）、换热器、分离器、储罐等；动设备类：泵（离心泵、柱塞泵、隔膜泵等）、压缩机（离心式压缩机、柱塞式压缩机等）、固体粉碎机械、风机等。

（2）按照材料分为：金属设备（碳钢、合金钢、铸铁、铝、铜等）和非金属设备（内衬橡胶、塑料、耐火材料和搪瓷等）。其中，碳钢设备最常用。

（3）按受压情况分为：外压设备（包括真空设备）和内压设备。内压设备又分为常压设备、低压设备、中压设备、高压设备、超高压设备。

2.2 燃料化工主要产品和应用

2.2.1 什么是燃料化工？其主要产品有哪些？

燃料化工是以煤、石油、天然气、油页岩等化石燃料（矿物燃料）为原料的化学加工工业。燃料化工主要包括石油炼制工业、石油化工、煤化工、天然气化工、页岩油加工等。

燃料化工产品主要有两大类：

（1）油品类，包括汽油、喷气燃料、柴油、燃料油、润滑油等，为交通运输和机械动力部门提供各类液体燃料和润滑剂。2017年我国加工的原油有5.6亿多吨，生产的汽、煤、柴等交通燃料有3亿多吨。

（2）化学品类，包括乙烯、丙烯、丁二烯、苯、甲苯、二甲苯、乙炔、萘、合成气等各种产品。为基本有机化工、高分子化工、精细化工以及合成氨工业等提供原料，也包括用于冶金工业的大量焦炭和煤焦油的加工。

▲ 100万吨/年乙烯装置（北京化工研究院）

2.2.2 什么是车用汽油？

我国早已成为世界汽车生产和消费大国，司机队伍已经超过3亿人，这是一个庞大的群体。这个群体几乎每天与汽油打交道，但多数司机朋友只知其然，而不知其所以然，现在将带领司机朋友进入一个有趣的领域，通过阅读下面的文字去了解汽油的所以然。为司机朋友解答以前想知道而不知道的问题。

汽油是应用于点燃式发动机（即汽油发动机）的专用燃料。汽油是我们平时接触最多的烃类化合物（仅有碳、氢两种元素组成）的混合物，外观为透明液体，馏程为30～220摄氏度，主要成分为含5～12个碳原子组成的脂肪烃、环烷烃及少量的烯烃和芳烃，密度一般在0.71～0.75千克/升之间，空气中含量为74～123克/立方米时遇火即会产生爆炸。

2.2.3 车用汽油为什么分牌号？

汽油按用途分航空汽油与车用汽油，在加油站销售的汽油一般为车用汽油和车用乙醇汽油。我国第五阶段车用汽油产品执行的标准为GB 17930—2016《车用汽油》，车用乙醇汽油执行的标准为GB 18351—2015《车用乙醇汽油（E10）》；这两个标准中汽油的牌号分为89号、92号和95号，汽油的牌号是按照研究法辛烷值划分的。汽车发动机在设计过程中，会考虑到压缩比、加热、爆燃等问题，而这些和汽油的辛烷值有直接关系，不同的汽车对汽油的辛烷值有不同的要求，因此，在加油时就要求加入不同牌号的汽油。否则，会对车辆造成损害和经济损失。

▲不同牌号的汽油（张颖/摄）

2.2.4 界定汽车抗爆性的指标是什么？

汽油的抗爆性能是指燃料在气缸工作中抗爆震的能力。车用汽油的抗爆性用辛烷值表示，辛烷值越高，抗爆性越好。汽油抗爆能力的高低与化学组成有关，富含支链的烷烃以及烯烃、芳烃通常具有较高的抗爆性。

2.2.5 什么叫辛烷值?

辛烷值就是首先设定抗爆性差的正庚烷的辛烷值为0，抗爆性好的异辛烷的辛烷值为100的前提下，测定汽油抗爆性的相对指标。高辛烷值汽油可以满足高压缩比汽油机的需要。

评定辛烷值的方法有马达法（MON）和研究法（RON）两种。马达法辛烷值表示高转速时汽油的抗爆性，研究法辛烷值表示低转速时汽油的抗爆性。抗爆指数即研究法辛烷值和马达法辛烷值的数值平均值，也用来表示抗爆性能。我们平时使用汽油的牌号，如国五汽油的92号、95号，对应的是该汽油研究法辛烷值。

2.2.6 什么是柴油?

柴油也是烃类化合物的混合物，是应用于柴油发动机的专用燃料。柴油的外观为水白色、浅黄色或棕褐色的液体。柴油由不同的碳氢化合物混合组成。它的主要成分是含10~22个碳原子组成的链烷烃、环烷烃或芳烃，沸点在170~390摄氏度之间，密度为0.82~0.845千克/升。柴油又分为普通柴油与车用柴油两种。普通柴油适用于拖拉机、内燃机车、工程机械、内河船舶和发电机组等压燃式发动机和GB 19756中规定的三轮汽车和低速货车，车用柴油适用于柴油轿车、客车、货车的压燃式发动机。

由于汽油机（点燃式发动机）、柴油机（压燃式发动机）工作原理的不同，柴油的质量由十六烷值表示，车用柴油对十六烷值有明确的要求。

2.2.7 柴油的牌号有哪些?

车用柴油产品目前执行的标准为GB 19147—2016《车用柴油》，该标准中柴油的牌号分为5号、0号、-10号、-20号、-35号、-50号。柴油的牌号划分依据是柴油的凝点，高寒地区冬天根据气温应使用-20号、-35号甚至-50号的柴油。

2.2.8 什么是柴油的十六烷值?

柴油的十六烷值是表示柴油抗爆性的主要指标。柴油机的爆震，表面现象与汽油机类似，而产生原理不同。虽然两者爆震均来源于燃料的自燃，但汽油机的爆震是燃料太易自燃，发生在电火花打火前；而柴油机爆震原因恰好相反，是由于燃料不易自燃，燃料在气缸中集聚太多再造成自燃的。因此，柴油的十六烷值也代表柴油的自燃性。十六烷值是以正十六烷为100，α－甲基萘为0；如某柴油的抗爆性与含52%正十六烷的标准燃料的抗爆性相同，则该柴油的十六烷值为52。使用十六烷值高的柴油，柴油机燃烧均匀，热功率高，节省燃料。

2.2.9 什么是石油焦?

石油焦是石油炼制过程中减压渣油经过各类焦化装置（主要是延迟焦化装置），在500～550摄氏度下裂解焦化而生成的黑色固体焦炭。石油焦一般认为是无定形炭体；或是一种高度芳构化的高分子碳化物，含有微小石墨结晶的针状或粒状构造的碳体物。

2.2.10 石油焦制品主要用在什么地方?

石油焦可视其质量而用于制石墨、冶炼、建材和化工等工业以及锅炉燃料。世界上石油焦最大的用户是水泥工业，其消耗量约占石油焦市场份额的40%；其次是石油焦煅烧后用来生产炼铝用预焙阳极或炼钢用石墨电极，约占22%。

2.2.11 什么是液化石油气?

液化石油气是指石油当中的气态轻烃以碳三、碳四（即丙烷、丁烷和丙烯、丁烯）为主及少量碳二、碳五等组成的混合物，常温常压下为气态，经稍加压缩后成为液化气，装入钢瓶送往用户当燃料使用。随着石油化学工业的发展，液化石油气作为一种化工基本原料和新型燃料，已越来越受到人们的重视。在化工生产方面，液化石油气经过分离、裂解得到乙烯、丙烯、丁烯、丁二烯等，用来生产合成树脂、合成橡胶、合成纤维及生产医药、炸药、染料等产品。

2.2.12 润滑油起什么作用?

润滑油是用在各种类型交通工具、机械设备上，以减少摩擦、保护机械摩擦面的液体或半固体润滑剂，主要起润滑、辅助冷却、防锈、清洁、密封和缓冲等作用。润滑油是一种技术密集型产品。

2.2.13 我国润滑油分哪几类?

润滑油是石油产品中非常重要的一大类，虽然其数量只占石油消耗量的2%~3%，但由于其应用领域极其广泛，所以其品种牌号是石油产品中最多的一大类产品。润滑油的分类是按应用场合划分的。GB7631—2008把润滑油、工业润滑油和有关产品划分为18类，如内燃机油、齿轮油、液压油、其他油等等。润滑油一般由基础油和添加剂两部分通过配方组成，基础油是润滑油的主要成分。基础油有矿油型和合成型两大类，而绝大多数是矿油型。添加剂的品种很多，主要类型有清净分散剂、抗氧抗腐剂、抗磨剂、油性剂、抗氧剂、黏度指数改进剂、防锈剂、降凝剂、抗泡剂等。

2.2.14 工业润滑油主要有哪些?

（1）液压油：液压传动系统（比如注塑机、挖土机）。

（2）发动机油：引擎（如发动机、动力机械）。

（3）齿轮油：传动齿轮机构（开式、闭式齿轮用油不同）。

（4）循环油：循环系统（如造纸机循环系统）。

（5）压缩机油：空气压缩机（分往复式、螺杆式和叶片式）。

（6）冷冻机油：冷冻压缩机（制冷设备）。

（7）导轨油：机床导轨、滑槽（油膜强度较高）。

（8）火花机油：电切割（如数控切割机床）。

（9）防锈油：机件防锈（如钢板、钢缆、链条）。

（10）油膜轴承油：油膜轴承（如纺织机械）。

（11）切削油：金属加工（分油性和水溶性）。

（12）轧制油：钢、铝轧制（分冷轧和热轧）。

（13）绝缘油：电路绝缘（如变压器、绝缘开关）。

（14）润滑脂：各种轴承、轧辊（分锂基、钙基、铝基等）。

2.2.15 什么是石蜡？

石蜡在常温下为无色或白色、近乎半透明的固体，碳原子数约为18～30的直链饱和烃类混合物。具有晶体结构，无臭无味，触摸时稍有油脂感。其熔点在43.3～65.5摄氏度之间。石蜡是从原油蒸馏所得的蜡馏分油中分离后制得的，需经过常压蒸馏、减压蒸馏、溶剂精馏、溶剂脱蜡脱油、加氢精制、成型和包装等工艺过程。石蜡几乎完全由烃类组成，含有较高比例的正构烷烃或支链很少的烷烃。

2.2.16 石蜡是如何分类的？

石蜡分为食品蜡、全精炼石蜡、半精练石蜡、粗石蜡等大类。

石蜡分成许多品级出售，主要区别是熔点不同，根据熔点分为52号、54号、56号、58号等牌号。

2.2.17 什么是沥青？

沥青主要可以分为石油沥青、煤焦沥青和天然沥青三种，是由不同分子量的碳氢化合物及其非金属衍生物组成的黑褐色复杂混合物，常见的形态有黑色液体、半固体或固体。

2.2.18 沥青是如何分类的？

沥青按其来源可分为：天然沥青、石油沥青以及煤焦油沥青等。

天然沥青是石油的轻质部分在太阳、地热等自然环境的影响下，经蒸发形成的，即是石油在自然条件下长时间经受地球物理因素作用而形成的产物。其存在形式有湖沥青、岩石沥青、沙石沥青和沥青岩等。

石油沥青是由石油原油经蒸馏提炼出各种轻质油（如汽油、煤油、柴油等）及润滑油以后的残留物，这些渣油都属于低标号的慢凝液体沥青。为提高沥青的稠度，以慢凝液体沥青为原料，可以采用不同的工艺得到黏稠沥青。

煤焦油沥青也叫高温煤焦油，外观为棕色或黑色黏稠液体，是煤焦油蒸馏提取馏分后的残留物。

2.2.19 沥青的用途有哪些?

（1）道路沥青。它是主要用于路面工程的沥青，通常为直馏沥青或氧化沥青。铺设在高速公路和其他公路上的沥青路面，是将沥青混凝土加以摊铺、碾压成型而形成的各种类型的路面。沥青混凝土是用具有一定黏度的沥青材料与一定级配的矿物集料（如碎石等），经过充分拌合形成的混合物。它在使用过程中要承受行驶车辆荷载的反复作用，还必须具备良好的抵抗自然因素（高温、低温）的耐久性。为了提高道路沥青的品质，有时还要加入某些添加剂。用橡胶或其他高分子化合物改性的道路沥青，可用于铺筑高级高速公路、机场跑道和重要交通路口等承受高负荷的路面。

以前的沥青路夏天粘鞋子，冬天发裂。经过科研人员的长期攻关，这种现象不复存在了。

（2）建筑沥青。它是土建工程中用于防水、防腐的沥青，通常为氧化沥青。

（3）普通沥青。它是含石蜡较多的直馏或氧化沥青，一般不单独使用。

▲通往天边的沥青路面（张颖 / 摄）

2.2.20 我国主要燃料化工产品产量知多少?

年份	原油加工量／万吨	汽煤柴润总量／万吨	汽油／万吨	煤油／万吨	柴油／万吨	润滑油／万吨
1990	10723	5207	2116.13	384.83	2537.44	169.08
1995	13501	7139	2840.82	428.01	3684.30	186.73
2000	21061	12419	4134.67	872.29	7079.62	332.78
2005	29457	17996	5405.34	988.56	11061.58	541.51
2010	42680	25981	7676.00	1707.90	15824.90	772.20
2015	52634	34548	12157.00	3658.60	18152.00	581.25

注：数据来源于国家统计局及网络，供参考。

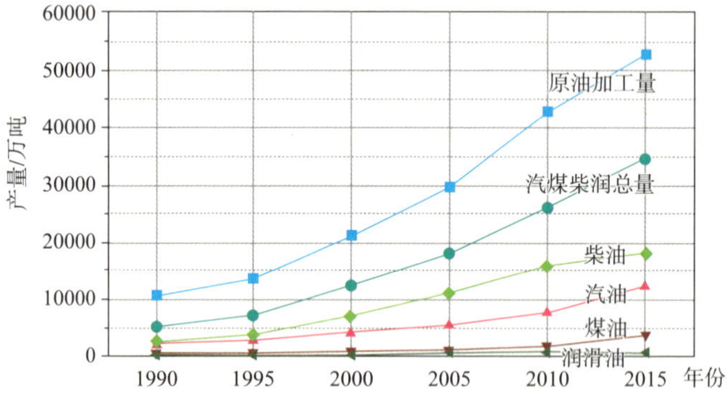

▲我国主要燃料化工产品产量

从统计数据可知，我国的原油加工量和汽煤柴润产量呈逐年增加趋势，2015年与2010年相比，原油加工量增长了23%，汽煤柴润产量增长了33%。

2.3 基本有机化工主要产品和应用

2.3.1 什么是有机化学品?

有机化学又称为碳化合物的化学（不包括二氧化碳等简单的含碳无机物），把含碳化合物称为有机化合物是因为以往的化学家们认为含碳物质一定要由生物（有机体）才能制造；当时是作为“无机化学”的对立物而命名的。1828年德国化学家维勒在实验室合成尿素（一种生物分子），从此以后有机化学便脱离传统所定义的范围，扩大为含碳物质的化学。

基本有机化工是利用自然界中的石油、天然气、煤、生物质等原料，通过一系列物理、化学以及生物加工方法，生产各种基本有机原料的工业。主要涉及石油化工、煤化工、天然气化工、生物化工等领域，为产业链延伸（高分子化工、精细化工等）提供了重要的基础原材料。它最重要的产品有三烯（乙烯、丙烯、丁二烯）、三苯（苯、甲苯、二甲苯）、合成气（一氧化碳和氢气）等。国际上常用乙烯产量来衡量一个国家的化学工业水平，我国目前的乙烯产能居世界第二。

2.3.2 基本有机化工产品是怎么分类的?

基本有机化工产品的品种繁多，按化学组成可分类如表。这种划分具有一定的灵活性，因很多物质含有两种以上的特定元素或两种以上的基团，它们常又按其主要特点划入某一类。

基本有机化工产品按组成分类（简要）

类 别	举 例
烷烃	甲烷、乙烷、丙烷、丁烷、戊烷
烯烃	乙烯、丙烯、丁烯、丁二烯、异戊二烯
炔烃	乙炔、丙炔、1-丁炔

续表

类 别	举 例
含氧化合物	
醇、酚	甲醇、乙醇、苯酚、
环氧化合物	环氧乙烷、环氧丙烷
多元醇	乙二醇、丙二醇、丁二醇、丙三醇
醚	乙醚、二甲醚
醛、酮	甲醛、乙醛、丙酮、甲乙酮
羧酸、酸酐	醋酸、丙烯酸、醋酐、对苯二甲酸
酯	醋酸乙烯（酯）、丙烯酸甲酯
脂环化合物（包括含氧、氮）	环己烷、环己烯、环己醇、己内酰胺
芳烃	苯、甲苯、二甲苯、乙苯、异丙苯、苯乙烯
含卤化合物	甲烷氯化物、乙烷氯化物、氯乙烯
含氮化合物	乙腈、丙烯腈、硝基苯、苯胺

2.3.3 三烯、三苯、一炔、一萘指的是什么？

三烯、三苯、一炔、一萘是基本有机化工中最基本、生产量最大的几个品种。三烯指乙烯（C_2H_4）、丙烯（C_3H_6）、丁二烯（C_4H_6）。三苯指苯（C_6H_6）、甲苯（C_7H_8）、二甲苯（C_8H_{10}），其中二甲苯包括对二甲苯、邻二甲苯、间二甲苯三个同分异构体；对二甲苯即俗称的PX，是化纤涤纶的主要原料。一炔指乙炔（C_2H_2），一萘指萘（$C_{10}H_8$）。随着化学工业的发展，这几种基本原料的用量和重要性也在发生变化。

2.3.4 什么是乙烯？

乙烯是烯烃同系列中的分子量最小的成员，由两个碳原子（带一个双键）和四个氢原子组成，分子式为$CH_2=CH_2$，由于带一个双键，分子比较活泼；常温下为无色、无臭、略带甜味的易燃、易爆气体，属于低毒类物质，熔点-169.2摄氏度，沸点-103.7摄氏度。工业上主要通过烃类（仅含碳、氢两种元素的有机化合物）蒸汽热裂解制备或者煤/甲醇经过催化反应制备（MTO）。

2.3.5 乙烯的主要用途有哪些?

乙烯是合成树脂、合成橡胶、合成纤维及合成其他有机原料的基本化工原料。以乙烯为原料可向下游衍生聚乙烯、苯乙烯/聚苯乙烯、聚氯乙烯、环氧乙烷/乙二醇、醋酸/醋酸乙烯、乙醛、乙醇等重要的合成材料和有机原料，蒸汽热裂解同时联产的丙烯、丁二烯、异丁烯、碳五馏分以及芳烃可以生产各种合成树脂、合成橡胶、合纤单体和基本有机原料等。同时乙烯也是一种植物激素，可用作水果和蔬菜的催熟剂。

2.3.6 乙烯是怎么生产出来的?

世界上超过90%的乙烯来自于烃类的蒸汽热裂解。乙烯生产常见的原料有石脑油、乙烷、轻烃、柴油、甲醇等。其中，石脑油裂解是乙烯重要的来源。近年北美页岩气革命带动了乙烷裂解的快速发展，到2014年石脑油裂解占比下滑至46%，乙烷裂解占比上升到35%，成为第二大乙烯来源。同时丙烷和丁烷裂解也发展迅速，占比达到14%。乙烯生产主要有五条路径：第一种是以天然气、原油处理后的轻烃为原料，经过蒸汽或催化剂裂解生产乙烯的轻烃路线；第二种是以原油处理后的石脑油为原料，经过蒸汽或催化剂裂解生产乙烯的石脑油路线；第三种是以煤炭为原料，采用煤气化制甲醇、甲醇转化制烯烃的煤炭路线；其他有以粮食、秸秆、甘蔗、木薯为原料发酵生产乙醇、乙醇脱水制乙烯的生物质路线；还有一些是诸如重油裂解的新技术路线。

2.3.7 为什么说乙烯生产能力是一个国家石油化工生产水平的标志?

乙烯是世界上产量最大的化学产品之一，下游产品涉及民众生活及国民经济的方方面面，其生产水平标志一个国家石化工业的发达程度。2016年中国的乙烯总产能为2219.5万吨/年，占世界乙烯产能的13.54%，仅次于美国位居世界第二。

▲ 20 万吨 / 年裂解炉（北京化工研究院）

▲ 80 万吨 / 年乙烯装置（北京化工研究院）

2.3.8 什么是丙烯?

丙烯的结构式为 $CH_3CH{=}CH_2$，常温下为无色、无臭、略带甜味的易燃气体，属于低毒类物质；对皮肤和黏膜略有刺激性；高浓度丙烯有麻醉作用，有窒息性。丙烯化学性质很活泼，与空气形成爆炸性混合物，爆炸极限2.0% ~11.1%（体积）。

2.3.9 丙烯有哪些用途?

丙烯是基本有机化工中用量仅次于乙烯的重要基本原料。丙烯可用于生产聚丙烯、丙烯腈、环氧丙烷、异丙苯等多种有机化工产品，还可合成烷基化油或经叠合生成高辛烷值叠合汽油。2016年中国的丙烯产能为3311万吨/年，占世界丙烯产能的26.15%，位居世界第一。

2.3.10 丙烯是怎么生产出来的?

目前丙烯的主要来源有烃类蒸汽裂解制乙烯的联产和炼油厂的常规催化裂化装置，其他途径还有煤制烯烃、甲醇制烯烃和丙烷脱氢等工艺。近几年来，丙烷脱氢生产丙烯的工艺技术发展很快，中国已建多套生产装置。

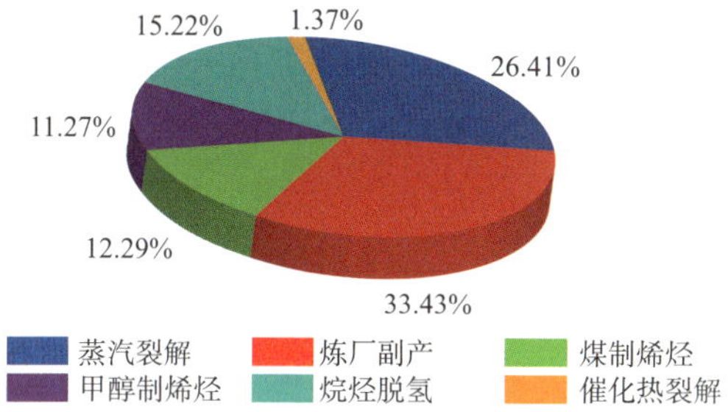

▲ 2016 年中国丙烯供应结构（按产能计）

▲聚丙烯生产（环管）装置（北京化工研究院）

2.3.11 什么是丁二烯?

丁二烯一般指1，3-丁二烯，是具有四个碳原子的开链共轭双烯烃，结构式为$CH_2=CH—CH=CH_2$。丁二烯是无色气体，有特殊气味，稍溶于水，溶于乙醇、甲醇。有麻醉性，特别刺激粘膜，易液化。与空气可形成爆炸性混合物，爆炸极限2.16% ~11.47%（体积）。

2.3.12 丁二烯有什么用途?

丁二烯是生产丁苯橡胶、顺丁橡胶、丁腈橡胶、氯丁橡胶等合成橡胶的主要原料，也可与苯乙烯共聚，生产ABS树脂（丙烯腈-丁二烯-苯乙烯共聚物）、SBS树脂（苯乙烯-丁二烯-苯乙烯三嵌段共聚物）、MBS树脂（甲基丙烯酸甲酯-丁二烯-苯乙烯共聚物）等各种用途广泛的合成树脂。丁二烯还可用于合成乙叉降冰片烯（乙丙橡胶第三单体）、1，4-丁二醇（PBT单体）、己二腈（尼龙66单体）等重要合成材料单体。此外，丁二烯可生产各种精细化学品中间体，如环丁砜、蒽醌、四氢苯酐、四氢呋喃等重要的基础化工原料，亦广泛用于合成染料中间体、杀菌剂和杀虫剂、合成香料、表面活性剂、润滑油添加剂以及环氧树脂的固化剂等产品的生产。

2.3.13 丁二烯是怎么生产出来的？

丁二烯的生产技术主要有烃类蒸汽裂解制乙烯中的联产及丁烷/丁烯脱氢。

烃类蒸汽裂解制乙烯中的联产：烃类蒸汽裂解装置中与乙烯联产得到粗丁二烯产品，通过萃取精馏技术使丁二烯与其他碳四组分分离，得到丁二烯产品。这种方法价格低廉，经济上占优势，是目前世界上丁二烯的主要来源。典型工艺流程如图所示。常用的萃取溶剂包括*N*-甲基吡咯烷酮（NMP）、二甲基甲酰胺（DMF）、乙腈等。

丁烷/丁烯脱氢：丁烷原料在600摄氏度以上温度下与铬催化剂接触，生成丁烯以及丁二烯的混合物，再通过溶剂抽提回收丁二烯产品。该过程中催化剂失活快，需要频繁再生，采用多个平行的反应器保证生产的连续性。1965年，美国得

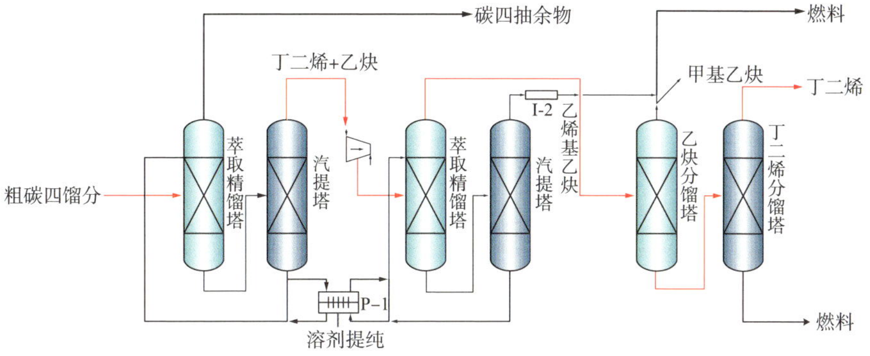

▲丁二烯分离流程图

克萨斯石油化学公司（Petro-Tex）公司将第一套丁烯氧化脱氢制丁二烯装置实现商业化（Oxo-D[R]工艺），采用丁烯为原料，空气为氧化剂，水蒸气为稀释气，360～540摄氏度高温下，在多段反应器中将丁烯与铁系催化剂接触生成丁二烯，产品通过萃取精馏回收。该工艺选择性高，无需复杂的再生设备，运行稳定，发展成为重要的丁二烯生产技术。

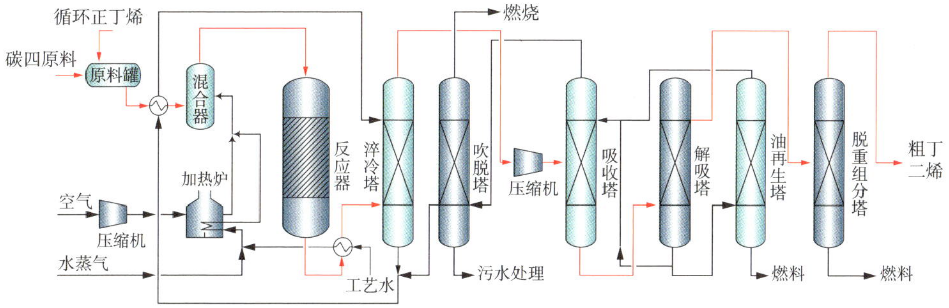

▲丁烯氧化脱氢制丁二烯 Oxo-D® 工艺流程图

2.3.14 三苯的共性是什么?

苯、甲苯、二甲苯在工业上俗称三苯，其结构特征是带有苯环，广泛应用于合成纤维、染料、农药、医药等行业。三苯均为无色透明油状液体，具有强烈芳香味，易挥发为气体，易燃、有毒。三苯侵入人体的途径有吸入、食入、经皮肤吸收，在职业活动中，主要以气体经呼吸道进入人体，短时间吸入高浓度的气体或长期吸入低浓度气体均可引起作业工人身体损害，造成急性或慢性中毒。

2.3.15 什么是苯?

苯是结构最简单的芳烃，由六个碳原子构成一个六元环，每个碳原子连接一个氢原子。结构式为，常温下为无色、有甜味的透明液体，并具有强烈的芳香气味。可燃，其蒸气与空气可形成爆炸性混合物。有毒，也是一种致癌物质。难溶于水，易溶于有机溶剂，本身也是一种良好的有机溶剂，溶解有机分子和一些非极性无机分子的能力很强。

2.3.16 苯有什么用途?

苯是重要的基本有机化工原料，最主要的用途是生产乙苯/苯乙烯，消费量约占产量的55%；其次是生产异丙苯/苯酚，约占产量的18%；其他有环己酮、环己烷、硝基苯、苯胺等，进而生产己内酰胺。此外苯还可以用于生产各种烷基苯、顺酐、蒽醌等化工产品。2015年全球石油苯产能约为5870万吨/年，其中中国产能约1100万吨/年，占18.7%。

2.3.17 什么是甲苯?

甲苯是苯环上的一个氢原子被甲基取代后形成的衍生物，结构式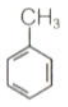，外观为无色透明液体，有类似苯的芳香气味。有强折光性。能与乙醇、乙醚、丙酮、氯仿、二硫化碳和冰乙酸混溶，极微溶于水。易燃，蒸气能与空气形成爆炸性混合物，爆炸极限1.2%~7.0%（体积）。2015年全球甲苯产能达到2600万吨/年，其中中国产能约779万吨/年，占30%。

2.3.18 甲苯有什么用途？

甲苯可用作生产苯及二甲苯和许多其他化工产品的原料。由甲苯生产的一系列中间体，称甲苯系中间体，下游主要产品是硝基甲苯、苯甲酸、氯化苄、间甲酚、甲苯二异氰酸酯等，还可生产很多农药和医药中间体。甲苯具有优异的有机物溶解性能，是一种有广泛用途的有机溶剂，甲苯容易发生氯化，生成氯化苄或苯三氯甲烷，它们都是工业上很好的溶剂；甲苯还可用作汽油的掺合组分以提高辛烷值。甲苯的蒸气与空气混合形成爆炸性物质，它可以制造TNT（三硝基甲苯）炸药。

2.3.19 什么是二甲苯?

二甲苯是苯环上的两个氢原子分别被甲基取代后形成的衍生物，化学式为C_8H_{10}，无色透明液体。根据两个甲基在苯环上的位置不同，有邻、间、对三种异构体，混合二甲苯工业上指上述异构体的混合物。

物质	熔点/℃	沸点/℃
对二甲苯 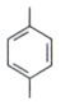	13.3	138.3
间二甲苯 	−47.9	139.1
邻二甲苯 	−25.2	144.4

二甲苯易燃，并具有芳香烃的特殊气味。不溶于水，可以与乙醇、氯仿或乙醚以任意比例互溶。二甲苯属于低毒类化学物质，《国际化学品安全卡》将其归类为A4级，即缺乏对人体、动物致癌性证据的物质。

2.3.20 二甲苯有什么用途?

二甲苯广泛用于涂料、树脂、染料、油墨等行业的溶剂，医药、炸药、农药等行业的合成单体以及高辛烷值的汽油组分，是有机化工的重要原料。其中的对二甲苯（PX）通过催化氧化生产对苯二甲酸（PTA），进而与乙二醇缩聚生产聚对苯二甲酸乙二醇酯（PET），即聚酯。聚酯纺丝即为涤纶纤维，是合成纤维中占比最大的品种（约占合纤总量80%）。

2.3.21 什么是乙炔?

乙炔结构式为CH≡CH，化学式为C_2H_2，因带有一个三键，化学性质更为活泼。常温常压下为无色无味的易燃、有毒气体，以电石原料制备的产品因混有硫化氢（H_2S）、磷化氢（PH_3）、砷化氢（AsH_3）等杂质，而带有特殊的臭味。空气爆炸极限为2.3% ~72.3%（体积），常压下不能液化。微溶于水，易溶于乙醇、苯、丙酮、*N*-甲基吡咯烷酮和二甲基甲酰胺等有机溶剂。能发生加成、氧化、聚合及金属取代等反应，在氧气中燃烧可发生高温（3500℃）和强光。

2.3.22 乙炔的主要用途是什么？

乙炔是制造聚氯乙烯、乙醛、醋酸、苯、合成橡胶、合成纤维等的基本原料，其下游精细化学品包括1，4-丁二醇（BDO），乙烯基醚、乙炔醇、*N*-乙烯基吡咯烷酮（NVP）、丁炔二醇、丁烯二醇和乙烯基酯，乙炔产业链见下图。乙炔也可用于照明、焊接及切断金属（氧炔焰）。

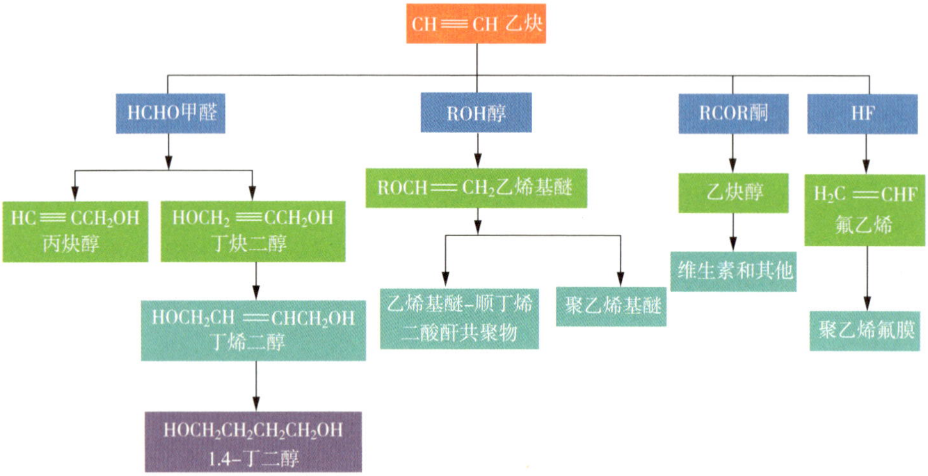

▲乙炔产业链

2.3.23 乙炔是怎么生产出来的？

乙炔生产主要采用电石或者烃类作原料，主要包括电石法、甲烷部分氧化法等。

（1）电石法

高温下将煤和石灰石在电炉中熔融制得电石，电石又名碳化钙（CaC_2）。电石遇水反应生成乙炔的方法，根据电石和水加入方法的不同，分为湿法乙炔和干法乙炔两种工艺。电石法制乙炔工艺流程如下图所示。

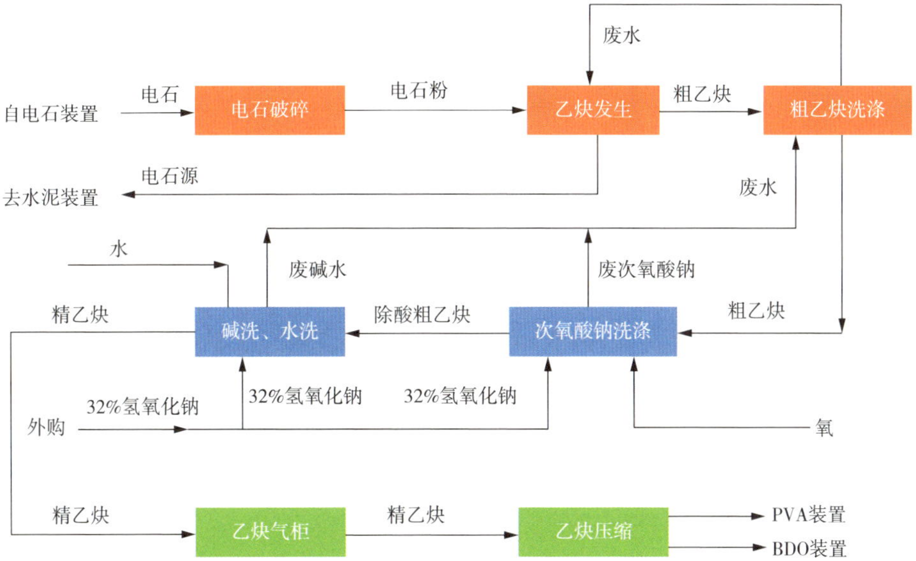

▲电石法制乙炔工艺流程图

电石法生产乙炔是由电石和水发生反应，并放出大量的热：

$$CaC_2+2H_2O \rightarrow Ca(OH)_2+C_2H_2$$

纯净的乙炔是无色、无臭的气体。

（2）部分氧化法

用甲烷、LPG或者石脑油为原料，与氧发生部分氧化裂解生产乙炔。工业化生产工艺主要采用的原料是天然气。预热到600~650摄氏度的原料天然气和氧气进入多管式烧嘴板乙炔炉或者旋焰乙炔炉，在1300~1500摄氏度下，甲烷裂解制得含8%（体积）左右乙炔的裂解气，再用*N*-甲基吡咯烷酮提浓制得99%的乙炔产品。乙炔产率以甲烷为基准可达到21%（质量）。

2.3.24 什么是萘?

萘是工业上最重要的稠环芳烃，分子式$C_{10}H_8$。存在于煤焦油和石油中。萘分子中的两个苯环共用两个相邻的碳原子。

萘为无色有光泽、具有香樟木气味的片状晶体；熔点80.5摄氏度，沸点218摄氏度，密度1.162g/cm^3；易升华，能随水蒸气蒸馏；几乎不溶于水，易溶于苯、乙醚和热的乙醇。萘的挥发性大，又有特殊的气味，早期衣物防蛀用的“卫生球”就是用粗萘制造的。

2.3.25 萘的主要用途是什么?

萘主要用于生产邻苯二甲酸酐。萘的许多取代产物是合成染料、树脂、药物等的中间体，还可作为橡胶加工助剂和鞣革剂的原料。萘曾用作驱虫剂、防蛀剂，现已禁用。

2.3.26 萘是怎么生产出来的?

萘在工业上由蒸馏煤焦油所得的中油馏分或石油产品裂化所得的高沸点馏分用结晶法分离获得。

2.3.27 我国主要基本有机化工产品产量情况如何?

年份	乙烯/万吨	纯苯/万吨	对二甲苯/万吨	醋酸/万吨
1990	157.21	65.63	51.57（1991年）	11.04
1995	240.10	103.46	83.94	51.70
2000	470.00	184.67	130.11	86.51
2005	755.53	307.95	223.35	137.11
2010	1421.30	545.20	517.51	383.60
2015	1714.60	785.47	663.19	586.97

*数据来源于国家统计局及网络，供参考。

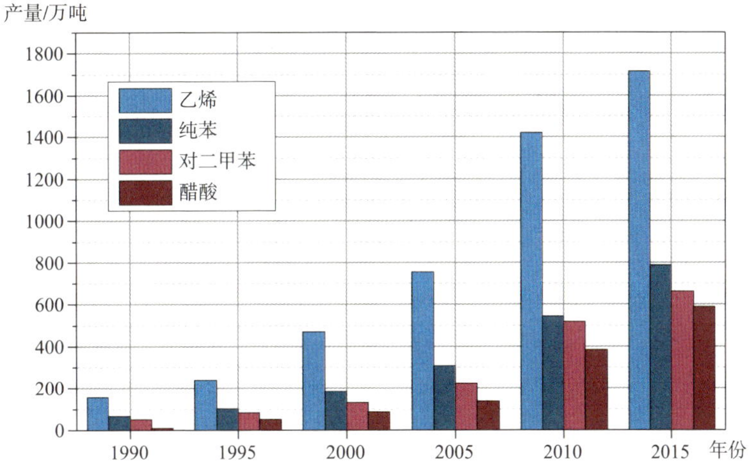

▲我国主要基本有机化工产品产量示意图

从统计数据可知，我国主要基本有机化工产品产量呈逐年增加趋势，以乙烯为例，2015年与2005年相比，10年间乙烯产量增长了127%。

2.4 无机化工主要产品和应用

2.4.1 什么是无机化工？

无机物，现代汉语词典解释为“单质和无机化合物的统称”。无机化合物与有机化合物对应，通常指不含碳氢构架的化合物，但包括简单的含碳化合物，如一氧化碳、二氧化碳、碳酸、碳酸盐。一般在工业上，酸（盐酸、硫酸、硝酸）、碱（烧碱、纯碱）、盐（碳酸盐、钙盐、硫酸盐、硝酸盐、氰化物）等都归入无机化合物。化肥的很多品种，如合成氨、磷酸盐、钾盐也属于无机化合物。

无机化工是以天然资源和工业副产物为原料生产硫酸、硝酸 、盐酸、磷酸等无机酸、纯碱、烧碱、合成氨、化肥以及无机盐等化工产品的工业。无机化工用途广、需求量大。其用途首先涉及农业（化肥），其他如在玻璃、橡胶、塑料、农药、饲料添加剂、微量元素肥料、采矿、采油、各种材料工业等工业类别方面都有应用。

2.4.2 无机化工产品是怎么分类的？有那些重要产品？

无机化工包括硫酸工业、纯碱工业、氯碱工业、合成氨工业、化肥工业和无机盐工业。广义上也包括无机非金属材料和精细无机化学品如陶瓷、无机颜料等的生产。无机化工产品主要包括以下几类：

（1）酸类

酸类包括盐酸、硫酸、硝酸。化工行业有“三酸两碱”之称，其中的“三酸”是指：

①盐酸（HCl）：主要用于制造氯化物的原料。

②硝酸（HNO_3）：是制造染料、化肥、炸药、医药、照相材料、颜料、塑料和合成纤维的重要原料。

③硫酸（H_2SO_4）：是制造肥料、药物、炸药、洗涤剂、蓄电池等的重要工业

原料。

（2）碱类

纯碱（碳酸钠，Na_2CO_3）和烧碱（氢氧化钠，NaOH），俗称“二碱”。

①纯碱（Na_2CO_3）：纯碱也叫苏打粉，是我国北方面食常用的食品添加剂之一。纯碱也是基本的化工原料之一，广泛用于化工、冶金、国防、建材、农业、纺织、制药和食品等工业，其中玻璃工业是纯碱的最大消费部门。

②烧碱（NaOH）：氯碱工业已有近百年的历史，是基础化学工业，也是经历过重大技术变革至今日臻成熟的大吨位的产品工业。烧碱在化学工业上用于生产硼砂、氰化钠、甲酸、草酸和苯酚等，也用于废酸处理的中和反应。

（3）无机盐和化合物类

此类产品约有500余种，主要有钡化合物、硼化合物、溴化合物、碳酸盐、氯化合物及氯酸盐、铬盐、氢氰酸、氰化物、碘化合物、镁化合物、锰盐、硝酸盐、磷化合物及磷酸盐、硅化合物及硅酸盐、硫化合物及硫酸盐以及钼、钛、钒、钨、锆化合物等。

（4）化肥类

化肥类产品主要是指合成氨（氮肥）、磷肥、钾肥和复合肥。

（5）气体产品

气体产品是指二氧化碳、氢气、氮气、氧气和各种惰性气体等。

（6）其他无机产品

其他无机产品主要有氧化物、过氧化物、氢氧化物、稀土元素化合物和单质等。

2.4.3 无机化工生产的主要原料有哪些?

无机化工产品的主要原料是含硫、钠、磷、钾、钙等化学矿物和煤、石油、天然气以及空气、水等。此外，很多工业部门的副产物和废物，也是无机化工的原料，例如：钢铁工业中炼焦生产过程的焦炉煤气，其中所含的氨可用硫酸加以回收制成硫酸铵；黄铜矿、方铅矿、闪锌矿的冶炼废气中的二氧化硫可用来生产硫酸等。

▲各种金属粉末在高热中燃烧形成色彩绚丽的烟花（张颖/摄）

2.4.4 什么是合成氨？合成氨是怎么生产出来的？

合成氨指由氮和氢在高温高压和催化剂存在下直接合成的氨，其过程为一种基本无机化工流程。现代化学工业中，氨是化肥工业和基本有机化工的主要原料，其化学式为NH_3。

1909年，德国化学家弗里茨·哈伯用催化剂将氮气和氢气在高压和高温条件下直接反应生成合成氨，合成氨工业在20世纪初期形成，开始用氨作炸药工业的原料，为战争服务。第一次世界大战结束后，转向为农业、工业服务。随着科学技术的发展，对氨的需求量日益增长。

合成氨是在高压高温和催化剂存在下进行的，为气固相催化反应过程。大体如下：

①原料气制备将煤或天然气等原料制成含氢和一氧化碳的粗原料气（合成气）。对于固体原料煤和焦炭，通常采用和水蒸气在高温下气化的方法制取合成气。如果以天然气为原料，采用催化转化方法制取合成气。

②对粗原料气进行净化处理，除去杂质，包括变换过程、脱硫脱碳过程以及气体精制过程。

③将纯净的氢、氮混合气压缩到高压，氨合成反应在较高压力和催化剂存在的条件下进行，由于反应后气体中氨含量不高，一般采用未反应氢氮气循环的流程。

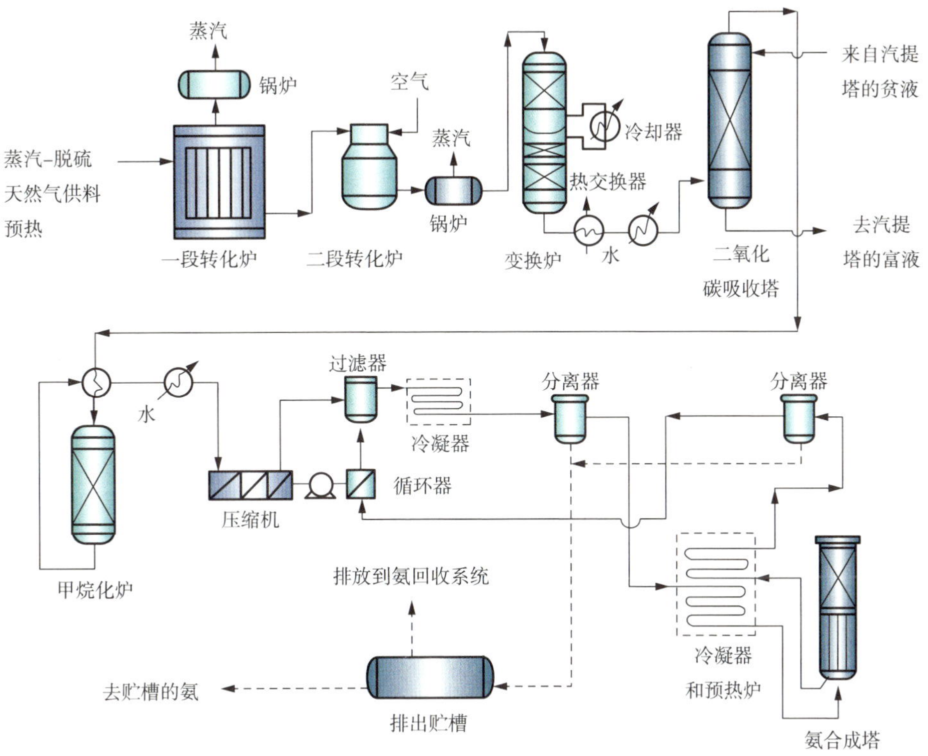

▲天然气为原料合成氨流程示意图

2.4.5 合成氨的主要用途有哪些?

氨是重要的无机化工产品之一，在国民经济中占有重要地位，其中约有80%氨用来生产化学肥料，20%为其他化工产品的原料。氨主要用于制造氮肥和复合肥料，例如尿素、硝酸铵、磷酸铵、氯化铵以及各种含氮复合肥。

硝酸、各种含氮的无机盐及有机中间体、磺胺药、聚氨酯、聚酰胺纤维和丁腈橡胶等都需直接以氨为原料。

液氨常用作制冷剂，贮运商品氨中有一部分是以液态由制造厂运往外地。

2.4.6 化肥家族有哪些成员? 各有什么特点?

农作物的生长过程需要氮、磷、钾等大量元素，钙、镁、硫、铁等中量元素以及硼、锰、铁、锌、铜、钼、钴等微量元素。用化学和（或）物理方法制成的含有一种或几种农作物生长需要的营养元素的肥料称为化学肥料，简称化肥。只含有一种可标明含量的营养元素的化肥称为单元肥料，如氮肥、磷肥、钾肥以及次要常量元素肥料和微量元素肥料。含有氮、磷、钾三种营养元素中的两种或三种且可标明其含量的化肥，称为复合肥料或混合肥料。化肥家族的成员按营养成分大致可分为：

（1）氮素化肥

氮是蛋白质构成的主要元素，蛋白质是细胞原生质组成中的基本物质。氮肥增施能促进蛋白质和叶绿素的形成，使叶色深绿，叶面积增大。在生产上经常使用的氮素化肥有：

①尿素（碳酰胺）：白色圆粒状结晶，是由碳、氮、氧、氢组成的有机化合物，分子式$CO(NH_2)_2$。尿素含氮量为46%，是固体氮肥中含氮量最高的一种。尿素为中性肥料，不含副成分，连年施用也不致破坏土壤结构。

②硫酸铵（硫铵）：白色或淡褐色结晶体。含氮20%～21%，易溶于水，吸湿性小，便于贮存和使用。硫铵是一种酸性肥料，长期使用会增加土壤的酸性。

③碳酸氢铵（碳铵）：白色细小结晶，含氮17%，有强烈的刺激性臭味，易溶于水，易被作物吸收，易分解挥发。可作基肥或追肥使用，追肥时要埋施。

（2）磷肥

磷是形成细胞核蛋白、卵磷脂等不可缺少的元素。磷元素能加速细胞分裂，促使根系和地上部加快生长，促进花芽分化，提早成熟，提高果实品质。在生产上常用的磷肥有：

①过磷酸钙：为灰白色或浅灰色粉末，也有颗粒状的，含P_2O_5 12%～18%，具有吸湿性和腐蚀性，施入土壤后易被土壤固定而降低肥效，可作基肥和追肥使用。

②重过磷酸钙（重钙）：含P_2O_5约45%左右，是一种高效磷肥。施用重钙的有效方法和过磷酸钙相同，重钙有效成分含量高，用量要相对减少。

（3）钾肥

钾元素的营养功效可以提高光合作用的强度，促进作物体内淀粉和糖的形成，增强作物的抗逆性和抗病能力，还能提高作物对氮的吸收利用。在生产上常用的钾肥有：

①氯化钾：是易溶于水的速效性钾肥，含K_2O 60%左右，呈白色、淡黄色或紫红色结晶。物理性状好，可作为基肥和追肥使用。

②硫酸钾：为白色结晶，溶于水，含K_2O 50%～52%。除可作基肥和追肥外，也可作根外追肥使用，根外追肥浓度以0.2%为宜。

（4）复合肥料

上述化学肥料一般只含一种营养元素，属单元素肥料。复合肥料是指在成分中同时含有氮磷钾三要素或只含其中任何两种元素的化学肥料。

①磷酸铵：是以磷为主的氮磷复合肥料，含氮12%～18%，含P_2O_5 46%～56%，适用于各种作物和多种土壤，最适合条施作基肥，667平方米用量7～10千克，撒施作基肥667平方米25～30千克。其中磷酸一铵呈酸性，磷酸二铵呈碱性，二者均易溶于水，水溶液为中性，有一定的吸湿性。

②氮磷钾复合肥：含氮磷钾各约10%，淡褐色颗粒。氮钾均为水溶性，有一部分磷是水溶性的。主要用作基肥。

③磷酸二氢钾：含P_2O_5 24%、K_2O 21%，白色易溶于水，一般用于黄瓜无土育苗及无土栽培生产。因价格较高，在大面积生产中多用于根外追肥。

（5）微量元素肥料

像铜肥、硼肥、钼肥、锰肥、铁肥和锌肥等都称为微肥。它们主要是一些无机盐类和氧化物。其可用来配制成多元果树叶面肥、蔬菜叶面肥以及复合肥料。微量元素是多种酶的成分或活化剂，参与碳素同化、碳水化合物转运、氮素代谢和氧化还原过程等。

目前，农业上更多采用测土配方施肥，根据作物需肥规律、土壤供肥性能，在合理施用有机肥料基础上，提出氮、磷、钾及中、微量元素等肥料的复合施用方法。

我国在新型肥料领域发展迅速，技术创新成绩斐然。2016年和2017年，国际标委会先后发布了由我国金正大牵头制定的《控释肥料》《脲醛缓释肥料》国际标准，填补了世界空白，极大地提升了中国肥料行业的国际话语权，是中国化肥工业史上的一个重要里程碑。

谁主导了国际产业标准制定，谁就走向了国际产业舞台中央，谁就赢得了话语权、主动权和利我权。

2.4.7 盐酸（HCl）是怎么生产出来的?

工业制备盐酸主要采用电解法，其过程如下：

①将饱和食盐水进行电解，除得氢氧化钠外，在阴极有氢气产生，阳极有氯气产生：

$$2NaCl+2H_2O \rightarrow 2NaOH+Cl_2\uparrow+H_2\uparrow$$

②在反应器中将氢气和氯气通至 石英制的烧嘴点火燃烧，生成氯化氢气体，并放出大量热：

$$H_2+Cl_2 \rightarrow 2HCl$$

③氯化氢气体冷却后被水吸收成为盐酸。

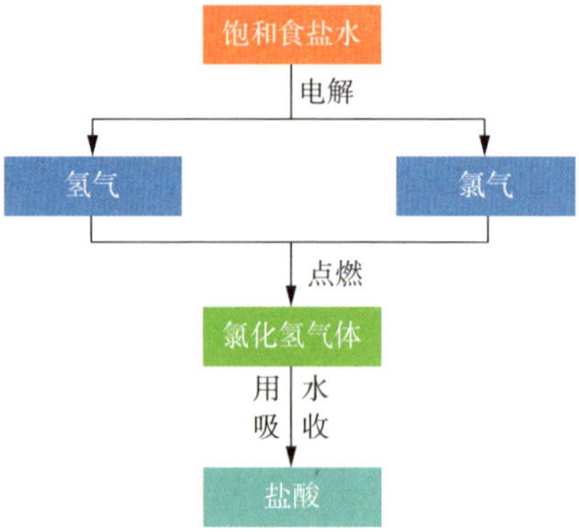

2.4.8 盐酸的主要用途是什么?

盐酸是一种无机强酸，在制革、印染、食品、医药、化工、冶金等工业部门大量使用盐酸。盐酸的主要用途有：

（1）制备有机化合物和聚合物

以盐酸为原料可以制备合成聚氯乙烯（PVC）塑料的原料氯乙烯、二氯乙烷，在180~200摄氏度的温度下，用汞盐（如$HgCl_2$）作催化剂（目前正在开发低汞或无汞催化剂），氯化氢与乙炔发生加成反应，生成氯乙烯，再在引发剂的作用下，聚合而成聚氯乙烯。

（2）制备无机化合物

盐酸可以发生酸碱反应，故能制备许多无机化合物，例如处理水所需的化学品氯化铁与聚合氯化铝（简称聚铝，PAC），氯化铁与聚铝在工业污水、造纸废水、饮用水等的处理中起絮凝剂和混凝剂的作用。用盐酸还可以制备其他的无机物，包括道路用的融雪剂氯化钙、电镀用的氯化镍、镀锌工业和电池制造业用的氯化锌等。

（3）金属加工

在后续处理铁或钢材（挤压、轧制、镀锌等）之前，可用盐酸反应掉表面的锈或铁氧化物。盐酸用作酸性清洗腐蚀剂，可与双氧水配合使用。以盐酸为主剂进行化学清洗具有作用力强、速度快、效果明显、使用方便、所需费用低等优点，适用于碳素钢、铜，但不能用于奥氏体不锈钢、钛等材质的化学清洗。

（4）无机药品及有机药物的生产

盐酸是一种强酸，它与某些金属、金属氧化物、金属氢氧化物以及大多数金属盐类（如碳酸盐、亚硫酸盐等），都能发生反应，生成盐酸盐。因此，在不少无机药品的生产上要用到盐酸。在医药上好多有机物，例如奴佛卡因、盐酸硫胺（维生素B_1的制剂）等，也是用盐酸制成的。

（5）用盐酸滴定碱浓度

在分析化学中，用酸来测定碱的浓度时，一般都用盐酸来滴定。盐酸还常用于溶解固体样品以便进一步分析。

2.4.9 硫酸（H_2SO_4）是怎么生产出来的?

工业生产硫酸的原料有硫黄、硫铁矿、有色金属冶炼烟气、石膏、硫化氢、二氧化硫和废硫酸等。硫黄、硫铁矿和冶炼烟气是三种主要原料。

（1）制取二氧化硫（沸腾炉）

硫黄或高温处理黄铁矿，制取二氧化硫。

硫黄： $S+O_2 \rightarrow SO_2$

硫铁矿： $4FeS_2+11O_2 \xrightarrow{高温} 8SO_2+2Fe_2O_3$

（2）接触氧化为三氧化硫（接触室）

$$2SO_2+O_2 \xrightarrow{V_2O_5} 2SO_3$$（可逆反应）

（3）用98.3%硫酸吸收（吸收塔）

$$SO_3+H_2SO_4 \rightarrow H_2S_2O_7$$（焦硫酸）

（4）与水结合成为硫酸

$$H_2S_2O_7+H_2O \rightarrow 2H_2SO_4$$

（5）提纯

将工业浓硫酸进行蒸馏，便可得到浓度95%～98%的商品硫酸。

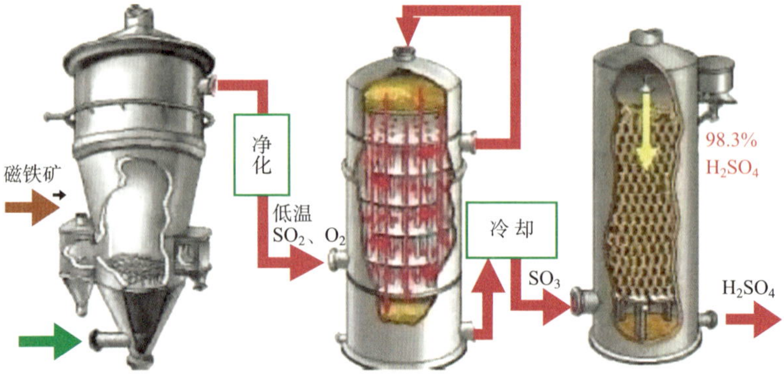

2.4.10　硫酸有哪些主要用途?

（1）化肥生产

硫元素是农作物需要的中量元素之一。在硫酸铵（俗称硫铵或肥田粉）和过磷酸钙（俗称过磷酸石灰或普钙）这两种化肥的生产过程中需要消耗大量的硫酸。

（2）冶金和精细化工工业

在钢铁工业中进行冷轧、冷拔及冲压加工之前，都必须用硫酸清除钢铁表面的氧化铁。在黑色冶金企业部门里，需要酸洗的钢材一般约占钢总产量的5% ～6%，而每吨钢材的酸洗，约消费98%的硫酸30～50千克。

在浓缩硝酸中，以浓硫酸为脱水剂；氯碱工业中，以浓硫酸来干燥氯气、氯化氢气等；无机盐工业中，如冰晶石、硼砂、磷酸三钠、磷酸氢二钠、硫酸铅、硫酸锌、硫酸铜、硫酸亚铁以及其他硫酸盐的制备都要用硫酸。

可用作硬水的软化剂、离子交换再生剂、pH值调节剂、氧化剂和洗涤剂等，还可用于化肥、农药、染料、颜料、塑料、化纤、炸药以及各种硫酸盐的制造。在石油的炼制、有色金属的冶炼、钢铁的酸洗处理、制革过程以及炼焦业、轻纺业、国防军工都有广泛的应用。在集成电路制造工艺中主要用于硅片清洗。

（3）高分子化工工业

在化学纤维的生产中，需要使用硫酸、硫酸锌、硫酸钠的混合液作为粘胶抽丝的凝固浴。每生产1吨粘胶纤维，需要消耗硫酸1.2~1.5吨，每生产1吨维尼龙短纤维，就要消耗98%硫酸230千克，每生产1吨锦纶单体，需要用1.6吨20%发烟硫酸。此外，在尼龙、醋酸纤维、聚丙烯腈纤维等化学纤维生产中，也使用相当数量的硫酸。

塑料等高分子化合物，在国民经济中越来越占有重要的地位。每生产1吨环氧树脂，需用硫酸2.68吨，号称“塑料王”的聚四氟乙烯，每生产1吨，需用硫酸1.32吨；有机硅树胶、硅油、丁苯橡胶及丁腈橡胶等的生产，也都要使用硫酸。

（4）土壤改良

在农业生产中，越来越多地采用硫酸改良高pH值的石灰质土壤。过去20年来，尿素-硫酸肥料的产量大幅度提高并在美国西部诸州的土壤中广泛施用。将硫酸注入牛奶场湖泊，改变湖水pH值，可解决圈养牲畜过程产生的若干空气和水质问题，将硫酸施入农用土壤和水中，其主要作用是溶解钙、镁的碳酸盐和碳酸氢盐。这些钙、镁盐然后取代可交换的钠盐，钠盐随后用水浸洗除去。当碳酸盐和碳酸氢盐被分解后，硫酸与更惰性的物质反应，释放出磷、铁等植物养分。简单地降低土壤的pH值可引起许多元素溶解度的变化，提高它们对植物的效力。在高pH值的石灰质土壤上施用硫酸，可使植物更加健壮，收成增加。

2.4.11 硝酸（HNO_3）是怎么生产出来的?

硝酸工业与合成氨工业密接相关，氨氧化法是工业生产中制取硝酸的主要途径，其主要流程是将氨和空气的混合气（氧：氮≈2：1）通入灼热（760~840摄氏度）的铂铑合金网，在合金网的催化下，氨被氧化成一氧化氮（NO）。生成的一氧化氮利用反应后残余的氧气继续氧化为二氧化氮，随后将二氧化氮通入水中制取硝酸。稀硝酸、浓硝酸、发烟硝酸的制取在工艺上各不相同。

工业上也曾使用浓硫酸和硝石制硝酸，但该法耗酸量大，设备腐蚀严重，现基本停止使用。

2.4.12　硝酸的主要用途是什么?

（1）作为硝酸盐和硝酸酯的必需原料，硝酸被用来制取一系列硝酸盐类氮肥，如硝酸铵、硝酸钾等，也用来制取硝酸酯类或含硝基的炸药。

（2）由于硝酸同时具有氧化性和酸性，硝酸也被用来精炼金属：即先把不纯的金属氧化成硝酸盐，排除杂质后再还原。硝酸能使铁钝化而不致继续被腐蚀。还可供制氮肥、王水、硝酸盐、硝化甘油、硝化纤维素、硝基苯、苦味酸等。

（3）将甘油放在浓硝酸、浓硫酸中，会生成硝化甘油。这是一种无色或黄色的透明油状液体，是一种很不稳定的物质，受到撞击会发生分解，产生高温，同时生成大量气体。气体体积骤然膨胀，产生猛烈爆炸。所以硝化甘油是一种烈性炸药。

（4）硝化炸药军事上用得比较多的是2，4，6-三硝基甲苯（TNT）。它是由甲苯与浓硝酸和浓硫酸反应制得的，是一种黄色片状物，具有爆炸威力大、药性稳定、吸湿性小等优点，常用做炮弹、手榴弹、地雷和鱼雷等的炸药，也可用于采矿等爆破作业。

2.4.13　什么是烧碱（NaOH）?

烧碱又称火碱、苛性钠，其化学名称为氢氧化钠，化学式为NaOH，为一种具有强腐蚀性的强碱，是重要的化工基本原料。一般为片状或块状形态，易溶于水（溶于水时放热）并形成碱性溶液。

2.4.14　烧碱是怎么生产出来的?

工业上生产烧碱的方法主要有隔膜电解法和离子交换膜法两种。

（1）隔膜电解法

将原盐化盐后精制，盐水经预热后送去电解，电解液经预热、蒸发、分盐、冷却，制得液体烧碱，进一步熬浓即得固体烧碱成品。该方法生产强度较小，产品纯度较低，对环境污染较大。

$$2NaCl+2H_2O \xrightarrow{\text{电解}} 2NaOH+Cl_2\uparrow+H_2\uparrow$$

（2）离子交换膜法

将原盐化盐后进行盐水精制，将精制盐水电解，于阳极室生成氯气，阳极室盐水中的Na^+通过离子膜进入阴极室与阴极室的OH^-生成氢氧化钠，H^+直接在阴极上放电生成氢气。电解过程中向阳极室加入适量的高纯度盐酸以中和返迁的OH^-，阴极室中应加入所需纯水。在阴极室生成的高纯烧碱浓度为30%～32%，可以直接作为液碱产品，也可以进一步熬浓，制得固体烧碱成品。该方法所得产品纯度高，对环境污染小。

$$2NaCl+2H_2O\rightarrow 2NaOH+H_2\uparrow+Cl_2\uparrow$$

2.4.15 烧碱的主要用途有哪些?

烧碱用途极广，在国民经济中有广泛应用。烧碱使用最多的是转化为纯碱用于玻璃工业，其次是造纸、炼铝、炼钨、人造丝、人造棉和肥皂制造业。另外，在生产染料、塑料、药剂及有机中间体，旧橡胶的再生，制金属钠、水的电解以及无机盐生产中，制取硼砂、铬盐、锰酸盐、磷酸盐等，也要使用大量的烧碱。同时氢氧化钠是生产聚碳酸酯、沸石、环氧树脂、磷酸钠、亚硫酸钠和大量钠盐的重要原材料之一。

2.4.16 什么是纯碱?

纯碱又称苏打、碱面等，其化学名称为碳酸钠，化学式为Na_2CO_3，是一种重要的化工基本原料，具有盐类的通性和热稳定性，其水溶液呈碱性。

2.4.17 纯碱是怎么生产出来的?

（1）索氏制碱法

1859年，比利时人索尔维，用食盐、氨水、二氧化碳为原料，于室温下从溶液中析出碳酸氢钠，将它加热，即分解为碳酸钠，人们将此方法称为索氏制碱法，此法一直沿用至今。

（2）侯氏制碱法

1943年中国人侯德榜留学海外归来，他结合中国内地缺盐的国情，对索尔维法进行改进，将纯碱和合成氨两大工艺联合，同时生产碳酸钠和化肥氯化铵，大大地提高了食盐利用率，这个制碱新方法被命名为“联合制碱法”，又称“侯氏制碱法”。

侯德榜先生随后就向世界公开侯氏制碱法技术，对促进世界制碱业发展作出了巨大贡献，得到了世界人民点赞。

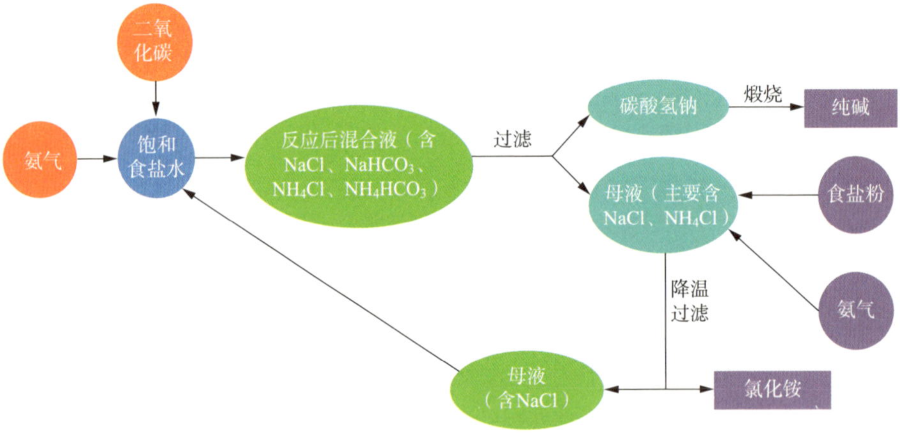

2.4.18　纯碱的主要用途有哪些?

纯碱（碳酸钠）是重要的化工原料之一，广泛应用于轻工日化、建材、化学工业、食品工业、冶金、纺织、石油、国防、医药等领域。在工业上使用纯碱最多的领域有建材、轻工、化学工业，约占2/3；其次是冶金、纺织、石油、国防、医药及其他领域。

玻璃工业是纯碱的最大消费部门，每吨玻璃消耗纯碱0.2吨。主要用于浮法玻璃、显像管玻壳、光学玻璃等。

在化工、冶金等部门，使用重质纯碱可以减少碱尘飞扬、降低原料消耗、改善劳动条件，还可提高产品质量，同时减轻碱粉对耐火材料的侵蚀作用，延长窑炉的使用寿命。

作为洗涤剂可用于羊毛漂洗，浴盐和医药用，鞣革中的碱剂。

用于食品工业，作缓冲剂、中和剂和面团改良剂，可用于糕点和面制食品，如制造氨基酸、酱油和面制食品如馒头、面包等。碳酸钠还可以用于生产味精。

纯碱还是彩电专用试剂。在制药工业，用作解酸药、渗透性轻泻剂等。

2.5 高分子化工主要产品及应用

2.5.1 什么是高分子化工?

高分子化工是指高分子材料的生产制造。通常包括合成树脂（塑料）生产、合成橡胶生产、合成纤维生产、黏合剂生产和涂料生产等。高分子材料也可以称之为高聚物。制备高分子材料的原料来源十分丰富，制造技术不断推新，产品品种繁多，使用范围广泛。

现有的高分子材料通过一些化工技术可以具有很高的强度和韧性，足以和金属材料相媲美，我们日用的家用器械、家具、洗衣机、冰箱、电视机、交通工具、住宅等，许多的金属构件已被高分子材料所代替。高分子化工已成为国民经济中不可缺少的新兴材料工业和化学工业中发展速度最快的部门之一。

随着工业、农业、交通、建筑以及高科技的发展，要求高分子材料具有更高的强度、硬度、韧性、耐温、耐磨、耐油、耐折等特性，这些都是高分子材料要继续解决的重大问题。目前，高分子材料正向高性能化、多功能化等方面发展。可以预见，21世纪人们生活品质随着材料的发展将发生革命性的变化。

2.5.2 高分子化工的产品主要包括哪些?

高分子化工产品一般包括合成树脂（塑料）、合成橡胶、合成纤维、高分子涂料及胶黏剂。它们是石油化工生产链的中间产品，它们的下游产品大家就非常熟悉了，塑料膜、塑料管道、塑钢门窗、汽车轮胎、登山服、饮料瓶等，在人们日常生活中，衣食住行用，无所不在，不胜枚举。

▲高性能绿色包装材料（北京化工研究院）

2.5.3 什么是合成纤维?

合成纤维是以石油、天然气等为原料，通过人工合成的高分子聚合物，再经纺丝、后加工而制得的纤维。这些纤维化学组成不同，各自特点不同，可以进一步被加工成纱、绳、布匹、服装、一次性卫生用品等用于不同领域。

2.5.4 合成纤维是如何分类的?

合成纤维根据其性能及生产方法，又可分为常规纤维、差别化纤维、高性能纤维、功能纤维等。

合成纤维根据其化学组成，可分为涤纶、腈纶、锦纶、丙纶、维纶、氨纶等。随着技术进步，又发展出高强度高模量的芳纶、力纶（超高分子量聚乙烯纤维）等。

▲芳纶纤维展品（张颖 / 摄）

小知识：你知道如梦如幻的新娘婚纱是什么材料做的吗?

在婚礼上，最光彩照人的就是身着洁白婚纱的新娘了。那么优雅，令人目眩神迷，过目不忘。但你知道吗，礼服上那如云朵般的雪纺、晶莹剔透的网纱、轻盈唯美的蕾丝、飘逸浪漫的丝带，这些精美绝伦的婚纱材料，多是聚酯纤维（涤纶）制造的，或许还有尼龙或其他化纤材料。合成纤维可以制成各种质感的面料，当用它们做成婚纱礼服时，能让新娘们美若天仙，大放异彩。

▲由聚酯纤维（涤纶）制造的婚纱（孙沙沙 / 摄）

2.5.5 什么是涤纶?

涤纶是聚酯纤维的商品名称。它是以聚对苯二甲酸乙二醇酯（简称聚酯，英文缩写为PET）为原料，经熔融纺丝及后加工而制得的纤维，市场上又俗称为“的确良”。

2.5.6 涤纶有何用途?

涤纶是合成纤维中生产和消费量最大（约占合成纤维总量的80%）、在人们日常生活中应用最广泛的品种。涤纶强度及模量较高，吸水性低，作为民用和工业用织物都有广泛的应用领域。其消费构成主要包括服装、家用纺织品和产业用纺织品三大领域，涤纶面料在人们日常服饰和家庭装饰中被广泛应用。涤纶的产业用途主要有过滤材料、绝缘材料、轮胎帘子线、传送带等。

小故事：你听说过“的确良”吗?

新中国建立后，政府面临的首要任务是解决吃饭问题，耕地有限，要“以粮为纲”。因此棉花种植要让位于粮食生产。当时棉花供应严重不足，各种纺织品如床单、衣服都要凭布票购买，不少家庭的孩子们只有在过春节时，才有新衣服穿。从20世纪70年代起，我国开始引进涤纶生产线以补棉花的供应不足。涤纶面料也就是老百姓叫的“的确良”开始进入市场，但价格比棉布要贵不少。那个时候，谁要是有一件“的确良”衬衫、一条“的卡”裤子，是一件极为令人羡慕的事情，没有“特殊场合”比如结婚、参加重要会议或外事活动，是绝对舍不得穿的。在谈恋爱阶段，男孩送女孩一条的确良裙子，不亚于现在送一只限量版包包。女孩子会经常把的确良裙子穿一穿，以显示男孩对她的关心。

▲聚酯纤维制品（赵思源/摄）

2.5.7 什么是腈纶？

腈纶是以丙烯腈（AN）单体和少量第二、第三组分为原料，经聚合、纺丝制成的合成纤维，也叫聚丙烯腈。腈纶性能优良，被称为“人造羊毛”，主要特性是质轻保暖、易染色、易洗快干、防蛀、防霉、耐日晒。但纤维强度、耐磨性、抗疲劳性等性能较差。

2.5.8 腈纶主要用在哪些地方？

腈纶制品90%以上为民用，以腈纶短纤维为主。腈纶可以纯纺，替代羊毛制成哔叽、华达呢、大衣呢、运动衫、针织衫、地毯、毛毯、人造毛皮、装饰织物、毛绒玩具等。腈纶毛线直到现在也是许多时尚服装的首选材料。腈纶也可与涤纶、粘胶纤维混纺制成薄呢、外套和衣料。

腈纶的产业用途主要是制作帆布、过滤材料、保温材料、包装用布、医疗材料、防火服等。

纯聚丙烯腈长丝是制造碳纤维的原料。碳纤维很少直接应用，大多是经过再加工制成复合材料（预浸件）使用，碳纤维复合材料作为结构件或功能件现已广泛应用在航空航天、工业和体育休闲用品三大领域。

小故事：从聚丙烯腈到碳纤维

最初发明的碳纤维是碳化的细纸条，做电灯泡的灯丝，但制成的灯丝易折易碎，很快就被钨丝取代了。碳纤维大发展是源于聚丙烯腈长丝生产的工业化，1962年日本东丽公司的氧化炭化技术使聚丙烯腈主链形成高度取向的石墨层，低模量聚丙烯腈基碳纤维由此问世，1971年实现量产。在生产鱼竿、高尔夫球杆等碳纤维产品的同时，他们一直在致力于碳纤维的模量提高，从T300、T800，到T1000，民用飞机、航天飞机、赛车、风力发电机叶片，用途越来越广。

2.5.9 什么是锦纶?

锦纶，学名为聚酰胺纤维。也有称作尼龙纤维。由聚己内酰胺熔融纺丝制成。它是世界上最早的合成纤维品种，锦纶产品的品种很多，用不同的二元酸及二元胺合成不同的尼龙树脂，再纺丝，如锦纶6、锦纶66、锦纶11、锦纶610等等，锦纶是中国所产聚酰胺类纤维的统称。人们最熟悉的是锦纶66和锦纶6。

由于锦州化纤厂是中国首家合成尼龙纤维的工厂，因此把它定名为“锦纶”。它是世界上最早的合成纤维品种，其性能优良，原料资源丰富，被广泛使用。

2.5.10 锦纶有何特点?

（1）耐磨性。锦纶耐磨性强，居合成纤维之首。

（2）强度高。锦纶强度高于天然纤维，比棉花高1~2倍，比羊毛高4~5倍，适于做轮胎帘子线、绳索等。

（3）弹性好。锦纶弹性比棉花高7~8倍。

（4）吸湿性好。

2.5.11 锦纶都用在哪些地方?

由于锦纶性能优良，原料资源丰富，产品被广泛使用。1937尼龙被发明，20世纪40年代开始工业化生产，主要是用于纤维生产，作为工程塑料是比较晚的（50年代以后）。在民用方面，锦纶可以混纺或纯纺成各种针织品。锦纶长丝多用

▲ 用尼龙材料制成的热气球和帐篷（张颖/摄）

于针织及丝绸工业，锦纶短纤维大都用来与羊毛或其他化学纤维的毛型产品混纺，制成各种耐磨经穿的衣料。在工业上锦纶大量用来制造轮胎帘子线、工业用布、缆绳、传送带、帐篷、渔网等。在国防上主要用作降落伞、军服等军用织物。

小故事：尼龙丝袜——性感的代名词

尼龙丝袜是1938年（第二次世界大战期间）美国杜邦公司首先发明的，随即成为美国及欧洲女士的专宠。20世纪40年代在美国甚至是性感与时尚的代名词。在西方，穿裙子一定是搭配丝袜、高跟鞋的。

1942年起，第二次世界大战进入关键时期，杜邦公司所有的尼龙都用于制造军用降落伞。当第二次世界大战刚一结束，杜邦公司马上宣布将尼龙全部用于生产丝袜去满足女士们的需求，在1945年的圣诞节，女士们最心仪的圣诞礼物就是尼龙长筒丝袜。

2.5.12 什么是丙纶？丙纶有何特点？

丙纶，即聚丙烯（PP）纤维。它是以聚丙烯为原料，经熔融、纺丝而制成的合成纤维，在我国聚丙烯纤维的商品名是丙纶。

丙纶具有以下特性：

①质轻。丙纶纤维在合成纤维中最轻，其密度为0.9~0.92克/立方厘米，比涤纶轻30%，比锦纶轻20%。

②耐磨、耐腐蚀。丙纶耐磨性、回弹性好，抗微生物，不霉、不蛀，耐化学性优于其他纤维。丙纶纤维强度较高。

③电绝缘性好、保暖性佳。

④丙纶的耐热及耐老化性、吸湿性较差。

2.5.13 丙纶主要产品有哪些？

丙纶主要产品有：丙纶长丝、丙纶短纤维、丙纶膨体长丝（BCF）、丙纶工业用丝、丙纶非织造布（无纺布）、丙纶膜裂纤维、丙纶烟用丝束等。

2.5.14 什么是维纶？维纶有何特点？

维纶，也叫维尼纶。学名是聚乙烯醇缩甲醛纤维。它是由醋酸乙烯单体聚合得到聚醋酸乙烯，水解后变成聚乙烯醇，经甲醛处理后得到聚乙烯醇缩甲醛纤维。

维纶的性能接近棉花，有“合成棉花”之称，是现有合成纤维中吸湿性最大的品种。维纶的耐磨性和强度比棉花好，因此维纶可以与棉花混纺节省棉花。

2.5.15 维纶主要用在哪些地方？

维纶主要用于制作外衣、棉毛衫裤、运动衫等针织物，也可用于帆布、渔网、外科手术缝线、自行车轮胎帘子线、过滤材料等，维纶由于其耐磨性好还经常用于部队的作战训练服。

小故事：我国第一个维尼纶厂的诞生

1962年下半年，我国三年困难时期刚过，粮食供应开始恢复正常，解决衣物供应问题被提到了政府议事日程。而中国的国情决定了无法大量扩大棉田，眼光只能转向化纤。日本是当时化纤工业最发达国家之一。在与日本没有官方关系的情况下，周恩来总理亲自斡旋，最终以“廖承志和高崎达之助备忘录”的民间贸易协定方式，从日本进口了全套维尼纶生产设备，建立了北京维尼纶厂。我国第一个维尼纶厂由此诞生。这套设备可以生产长丝和短丝两种产品，长丝做渔网、降落伞；短丝民用。投产后维尼纶生产量相当于20万亩棉田的产量，这在当时发挥了很大的作用。

2.5.16 什么是氨纶？氨纶有何特点？

氨纶即是聚氨酯纤维，是所有合成纤维中最富弹性的一种纤维，也被称作弹性纤维。它是以聚氨基甲酸酯为主要成分的一种嵌段共聚物制成的纤维。根据氨纶生产所用原料的不同，习惯上又分为聚醚型氨纶和聚酯型氨纶。由于氨纶非凡的高弹性，目前氨纶在纺织新产品中占有极其重要的地位。

2.5.17 氨纶主要用在哪些地方?

氨纶可用于一切需要良好弹性回复率的织物，它是最理想的伸缩性衣料用纤维。氨纶一般不单独做织物，多在其他纤维织物中混用5%～30%的比例，极鲜见100%的聚氨酯织物。它可用于制造各种内衣、游泳衣、紧身衣、牛仔裤、运动服、带类的弹性部分等。氨纶制成的服装，穿着舒适，能适应身体各部分变形的需要，并能减轻服装对身体的束缚感。随着技术进步，氨纶会有更宽广的市场前景。

▲用氨纶制成的泳衣（张颖/摄）

2.5.18 什么是橡胶? 橡胶是怎么分类的?

橡胶是一种具有弹性和多种特性的有机高分子材料，按其来源可分为天然橡胶和合成橡胶两大类。

天然橡胶（NR）来源于橡胶树。在天然生长的橡胶树干上，用刀割开一个切口，便流出奶白色树汁，这种树汁叫作胶乳，经过收集、凝聚、脱水等加工后，便可制得具有弹性的固状橡胶。由于它是由橡胶树天然生成的，所以称天然橡胶。天然橡胶还有杜仲胶等小品种橡胶。

合成橡胶（SR）是人们采用化学方法人工合成的一种性能类似或超过天然橡胶的新型有机高分子弹性体。它是以石油、天然气、煤炭等为初始原料，通过多种化学方法，先制取合成橡胶的基本原料（也叫单体），再经过化学反应以及洗涤、脱水、干燥、成型等工序，制得具有弹性的高分子均聚物或共聚物。

今天的人们对“橡胶”这个词已经熟悉。在我们的周围所看到和所使用的橡胶制品不计其数，大到飞机汽车轮胎、橡胶坝，小到日常生活用品，如运动鞋、高压锅胶圈、擦字橡皮、皮球乃至橡皮筋。还有许多是用在机械密封、粘接、缓冲、减噪、保温、防护等我们看不见的地方。人们的现代化生活离不开橡胶。

小故事：从天然树胶到车用轮胎

天然树胶最早是被印第安人用于娱乐游戏。他们把流出的胶乳攥成球，这种球弹力极高。这种胶夏天流淌，冬天变硬，永远黏黏糊糊的，很长时间人们不知它有何用处。工业化应用剧变发生在19世纪中叶。美国人Goodyear发明了一种加入硫黄的高温硫化交联法，使橡胶线性大分子与硫黄交联成为立体网状结构，解决了生胶变黏、发硬的问题，使其具有较高的弹性和韧性。随后Goodyear的橡胶公司发明了炭黑增强的天然橡胶，橡胶的工业化生产和用途再次得到提升。内胎、外胎、帘子布、钢丝胎，一系列技术组合让我们的车不再颠簸，舒适安全。

▲各种用途的轮胎

▲新型歼敌机轮胎

2.5.19 合成橡胶有哪些主要品种?

合成橡胶种类很多，牌号很多，但主要有丁苯橡胶（SBR）、顺丁橡胶（BR）、异戊二烯橡胶（IR）、乙丙橡胶和三元乙丙橡胶（EPM/EPDM）、丁基橡胶（IIR）、丁腈橡胶（NBR）和氯丁橡胶（CR），约占合成橡胶总量的90%以上，也被称为通用橡胶。在实际工业应用中，合成橡胶往往和天然橡胶按一定比例混合后使用。

此外还有具有特殊性能但用量较小的橡胶品种，如硅橡胶、氟橡胶、丙烯酸酯橡胶等被称为特种橡胶。

小知识：你知道安全气囊是什么材料制成的吗？

一般轿车的安全气囊是用带橡胶衬里的特种织物——尼龙制成。当遇到剧烈撞击时，气囊会瞬间打开，无害的氮气即刻充满气囊，以保护人体免受撞击。

小知识：硅橡胶与电影电视

在观看电影电视时，我们常常看到外星人、大小怪兽，也有些演员从年轻靓丽演到老态龙钟。他们造型逼真、形态各异，其实硅橡胶是最大功臣。硅橡胶可以将皮肤细节很真实地表现出来，使影视作品人物和情节或更加连贯生动，或更加神秘穿越，为影视作品凭添出巨大的创作空间。

2.5.20 什么是丁苯橡胶？它主要用在哪些地方？

丁苯橡胶（SBR）是丁二烯和苯乙烯两种单体经共聚反应而生成的高聚物弹性体。丁苯橡胶的弹性比天然橡胶稍差，耐磨和耐老化性则优于天然橡胶。

丁苯橡胶是替代天然橡胶用量最大的合成橡胶，也是工业化生产最早的橡胶之一。

丁苯橡胶主要用于轿车、轻卡车轮胎胎面以及胶鞋、胶布、胶板、蓄电池壳、胶带等。

▲胶鞋和各种胶带的主要原料是丁苯橡胶（张颖 / 摄）

2.5.21 什么是顺丁橡胶？它主要用在哪些地方？

顺丁橡胶（BR）是顺式1，4-聚丁二烯橡胶的简称。它是以丁二烯为单体，在溶剂存在和齐格勒-纳塔催化剂作用下，经溶液聚合反应制得的高聚物弹性体。其弹性、耐磨性和耐低温性是通用胶中最好的。

顺丁橡胶主要用于轮胎胎面及胎侧等，以及鞋、减震品、胶辊、胶带、胶管、跳跳球等。

2.5.22 什么是异戊橡胶？它主要用在哪些地方？

异戊橡胶（IR）全称异戊二烯橡胶，是由异戊二烯通过溶液聚合而成。它具有与天然橡胶相似的化学结构及物理机械性能，所以异戊橡胶又称为“合成天然橡胶”。其性质与天然橡胶类似，但纯净度要比天然橡胶高。

主要应用于轮胎、胶鞋、胶带、胶管、工艺橡胶制品、医疗、食品用橡胶制品。

小知识：你能看懂轮胎标签吗？

2012 年 11 月 1 日，欧洲开始实行轮胎标签法。经过几年的调查研究，中国橡胶工业协会在 2016 年 6 月 15 日正式发布了《轮胎分级标准》和《轮胎管理规定》这两个标准，2016 年 9 月 15 日正式开始实施中国的轮胎标签制度。

轮胎标签主要显示了轮胎的 3 个性能，分别是滚阻系数、湿抓地性能和滚动噪声。①滚阻和湿滑分为 A ~ G 这 7 个等级，A 级最好，G 级最差。滚阻系数反映了轮胎的能源消耗等级，等级越高，节约性能越好；②湿抓地性能体现在刹车距离上，每个等级的刹车距离差 3 ~ 4 米，最好的等级与最差的等级之间差了 18 米；③滚动噪声分为 3 个级别，噪声性能除了要标出等级外还要标出噪声的分贝数值。

2.5.23 什么是乙丙橡胶？它主要用在哪些地方？

乙丙橡胶（EPM/EPDM）是以乙烯和丙烯为主要单体的合成橡胶。根据分子链中单体组成不同，分成二元乙丙橡胶和三元乙丙橡胶两大类，前者为乙烯、丙烯两种组分的共聚物，后者为乙烯、丙烯和少量非共轭二烯烃的共聚物。

乙丙橡胶具有耐老化，耐臭氧性，耐极性液体，耐水，耐过热水及水蒸气，耐电性能好的特性。

乙丙橡胶主要应用于电线电缆绝缘层、汽车玻璃除水条、窗户密封条、蒸汽胶管、输送带等。乙丙橡胶也用于汽车保险杠的增韧。

2.5.24　什么是氯丁橡胶？它主要用在哪些地方？

氯丁橡胶（CR）是以2-氯丁二烯为主要原料，在乳化剂等助剂存在和自由基引发下，经乳液聚合反应制得的均聚物或共聚物。

氯丁橡胶是通用型合成橡胶中研究最早的胶种，具有优良的耐候性、耐臭氧性、阻燃、耐热性及耐化学药品性。

氯丁橡胶主要应用于轮胎内衬层、低压电线电缆、输送带、减震橡胶、窗户密封条、胶黏剂、胶布、涂料等。

氯丁橡胶还是生产潜水衣的重要原料。它能够携带潜水服和人体皮肤之间的水分，起到减少热量散失的作用，这可以让潜水员在冷水中呆更长时间。氯丁橡胶在水中的浮力也很大。许多水上运动爱好者使用这种橡胶制成的器械进行冲浪和风帆运动等。

▲氯丁橡胶制成的潜水服
（张颖 / 摄）

2.5.25　什么是丁腈橡胶？它主要用在哪些地方？

丁腈橡胶（NBR）是由单体丁二烯和丙烯腈按一定配料比，在乳化剂等助剂存在和自由基引发下，经乳液共聚合反应而生成的弹性体共聚物。

丁腈橡胶耐油性、耐磨性、耐老化好，适用温度范围宽泛，在-40～120摄氏度下均可使用。

丁腈橡胶主要用于生产油封、衬垫、耐油胶管、输送带、印刷胶辊、纺织皮辊等耐油工业制品。

2.5.26　什么是丁基橡胶？它主要用在哪些地方？

丁基橡胶（IIR）是由异丁烯和少量异戊二烯合成的有机高分子弹性体。

丁基橡胶的主要特点是耐气透性（密封性）好，并可耐极性溶剂。但其回弹性在所有橡胶中是最低的。

丁基橡胶被广泛用于轮胎内胎、内衬层、防水卷材、电线电缆、蒸汽胶管、耐热输送带、药品瓶塞、密封剂、黏结剂等的生产。

由于丁基橡胶属于非极性橡胶，所以它与其它聚合物和金属的黏合性差，而且与其它橡胶的混合性也差。为了克服这些缺点，人们又开发出了卤化丁基橡胶、溴化丁基橡胶和氯化丁基橡胶，用于轮胎的气密层、黏合剂、医用橡胶制品等。

2.5.27 什么是塑料?

塑料是以合成树脂为主要成分，再根据需要加上一些辅料，如抗氧剂、填充剂、染料或颜料等各种助剂，在一定温度和压力下塑造成一定形状，并在常温下能保持既定形状的高分子有机材料。

合成树脂具有较高分子量，在受热时通常会软化或熔融，并在外力作用下流动，常温下恢复固体状态。树脂是塑料最基本的，也是最重要的成分。

塑料有三个最主要的特点。第一，它比较轻。这是相对于金属和玻璃等材料而言的。它轻的原因是因为它们是有机聚合物，即由碳、氢、氧、氮等较轻的元素组成的。第二，塑料易于加工。塑料具有可塑性，即在加热或加压后变形，在降温或压力消失后维持原形不变。可以通过挤出、注射等方式加工成各自形状的产品。第三，塑料不会腐烂也不会降解。但是，这一性质也给人类带来一个严重的问题：由于塑料不易腐烂，所以废弃物塑料无法被自然界吸收、分解，从而造成严重的环境污染。这就需要我们减量使用、循环使用，不断开发出处理废弃塑料的新技术。

2.5.28 塑料是如何分类的?

按用途塑料分为通用塑料、工程塑料和特种工程塑料。

通用塑料一般指产量大、用途广、成型性好、价格相对低廉的塑料，通用塑料一般是指聚乙烯（PE）、聚丙烯（PP）、聚氯乙烯（PVC）、聚苯乙烯（PS）和丙烯酸-丁二烯-苯乙烯共聚物（ABS），俗称五大通用塑料。

工程塑料一般指有良好的机械性能和尺寸稳定性，在相对的高、低温下仍能保持其优良性能，可以作为工程结构件的塑料，如聚对苯二甲酸乙二醇酯（PET）、聚对苯二甲酸丁二醇酯（PBT）、聚酰胺（PA）、聚碳酸酯（PC）、聚甲醛（POM）等。

特种工程塑料是指综合性能较高，长期使用温度在150℃以上的一类工程塑料，主要包括聚苯硫醚（PPS）、聚酰亚胺（PI）、聚醚醚酮（PEEK）、液晶聚合物（LCP）及聚砜（PSF）。特种工程塑料具有独特、优异的物理性能，主要应用于电子电气、特种工业等高科技领域。

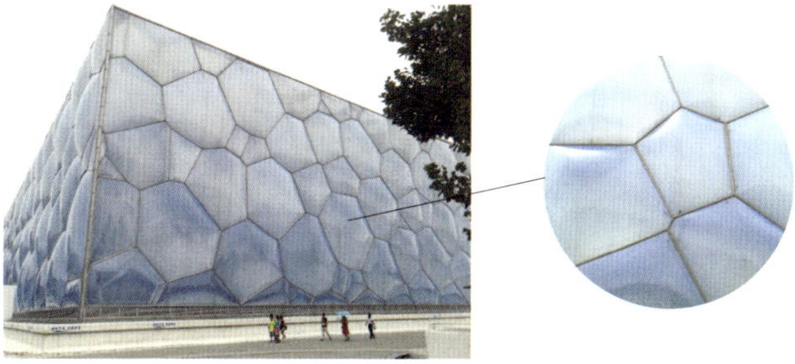

▲水立方外墙材料：聚偏氟乙烯（张颖 / 摄）

小故事：世界杯上使用的足球是用什么材料做的？

每届世界杯上使用的足球都不一样，其制作也在不断改进：1982年世界杯之前的足球，均为真皮制作。1986年世界杯用球首次采用合成革制作。合成革增强了球的耐用性。1990年世界杯用球对合成材料进行了改良，并且首次在球体内加入黑色聚氨酯泡沫内层，使球具有很好的防水性能，运行速度再次得到了提高。1994年世界杯用球首次运用具有能量回复性能的白色聚氨酯泡沫内层，使球体触摸感更为柔软，球速更快。1998年世界杯用球最主要的革新在于采用了新型复合泡沫材料，这种材料更具耐磨性，赋予球更好的能量回复性能，使球飞行更稳，方向更准。2002年世界杯用球（飞火流星），阿迪达斯对世界杯比赛用球进行了进一步改进，经其与德国施恩费得的足球研发中心的测试，证明足球飞行精准度史无前例，且各项指标已经超越国际足联当时的所有标准。其后的各届世界杯，球用材料和设计美观不断改进，成为世界杯赛场的一道靓丽风景线。

2.5.29 什么是热塑性塑料？什么是热固性塑料？

热塑性塑料和热固性塑料是按塑料在加热流动冷却定型后，能否再次加热流动来区分的。热塑性塑料指在特定温度范围内能反复加热软化流动和冷却硬化的塑料，如聚乙烯塑料、聚氯乙烯塑料。

热固性塑料指因受热或其他条件能固化成不熔不溶性物料的塑料，如酚醛树脂（酚醛塑料）、环氧树脂等。

2.5.30 什么是聚乙烯？它主要用在什么地方？

聚乙烯（PE）是通过乙烯（$CH_2{=}CH_2$）的加成聚合而成的。聚乙烯是结构最简单的高分子，由重复的—CH_2—单元连接而成，聚乙烯也是应用最广泛的高分子材料。

聚乙烯的种类包括：①LDPE：低密度聚乙烯，也叫高压聚乙烯；②LLDPE：线型低密度聚乙烯；③MDPE：中密度聚乙烯、双峰树脂；④HDPE：高密度聚乙烯、低压聚乙烯；⑤UHMWPE：超高分子量聚乙烯。

聚乙烯的品种及性能取决于它的聚合方式。在不同的压力、温度和催化剂组分或他单体组分条件下，得到不同品种的聚乙烯。

聚乙烯无臭、无毒，手感似蜡，具有优良的耐低温性能（最低使用温度可达-100~-70摄氏度），化学稳定性好，能耐大多数酸碱的侵蚀。常温下不溶于一般溶剂，吸水性小，电绝缘性优良，成型加工性好，适合于吹塑、滚塑、纺丝、挤出、注射成型等多种加工方式，广泛应用于制造薄膜、中空制品、纤维和日用杂品等。

聚乙烯薄膜制品。聚乙烯总产量的一半以上经吹塑制成薄膜，它有良好的透明性和一定的抗拉强度，广泛用作农用薄膜、食品包装以及各种包装材料（我们常用的塑料袋大部分是聚乙烯产品）。也可用挤出法加工成复合薄膜用于包装重物。

聚乙烯中空制品塑料桶。高密度聚乙烯强度较高，适宜作中空制品。超市中大包装的酱油、醋、酸奶等都是采用聚乙烯制成。

聚乙烯滚塑制品。如高速公路大型路标桶、儿童游乐娱乐设备、大型容器设备。

聚乙烯管板材制品。挤出法可生产聚乙烯管材，用于地下管道、上下水管特别是城市燃气管网等；挤出的板材可进行二次加工，作台板和建筑材料；我们厨房里的切菜板有的也是由聚乙烯制成的。

▲聚乙烯薄膜制品：包装袋（北京化工研究院）

聚乙烯各种杂品。用注射成型法生产的杂品包括日用杂品、人造花卉、周转箱、小型容器、自行车和拖拉机的零件等；电冰箱容器、存储容器、家用厨具、密封盖等。

聚乙烯也可制成泡沫材料用于保温、减震、缓冲防护领域。

超高分子量聚乙烯可以制成超高强度聚乙烯纤维（强度可达3~4GPa），用作防弹背心，汽车和海上作业用的复合材料。

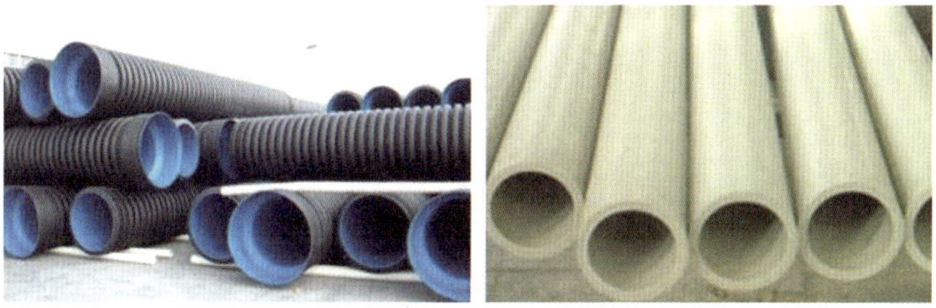

▲聚乙烯管板材制品：各种管材

2.5.31 什么是聚丙烯？它主要用在什么地方？

聚丙烯（PP）是一种通用热塑性塑料，是由丙烯单体经催化聚合而制得。和聚乙烯树脂一样，聚丙烯也是通用树脂中应用量大、品种多、应用范围广、发展快的合成树脂。

聚丙烯树脂可分为均聚物和共聚物。均聚物是由丙烯单体聚合而成，共聚物主要是丙烯与乙烯的共聚产物。聚丙烯按其分子中—CH_3基团在空间的排布情况，还可分为等规聚丙烯、间规聚丙烯和无规聚丙烯。

聚丙烯由于价格低廉、综合性能优良和容易加工成型，加上近年来聚丙烯树脂的共聚、共混、填充增强、拉伸、发泡、交联和成核剂等技术迅速发展，用途日趋广泛，并替代了原有一部分聚苯乙烯和ABS的市场。

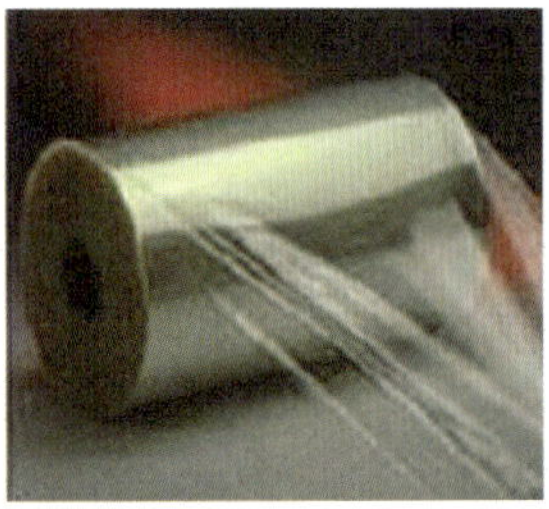

▲双向拉伸聚丙烯（BOPP）薄膜

▲高性能聚丙烯包装材料
（北京化工研究院）

在日常生活方面，聚丙烯可制作家具、餐具、厨房用具、玩具等。在汽车制造业方面，聚丙烯可制造汽车上的很多部件，如保险杠、方向盘、仪表盘等。在家用电器方面，聚丙烯可制作电视机外壳、收录机外壳、洗衣机内桶等。在包装材料方面，聚丙烯可用于制作扁丝织成编织袋，制成打包带，还可生产薄膜用于重包装袋（如粮食、糖、食盐、化肥、合成树脂的包装）、制成透明的玻璃纸等。在食品工业方面，聚丙烯可用作食品的周转箱、食品包装等。在纺织工业方面，聚丙烯是重要的合成纤维丙纶的原料，聚丙烯无纺布广泛用于公路、水库堤坝建设，对提高工程质量有重要作用。在医疗卫生方面，聚丙烯可制作一次性注射器、手术用服装、个人卫生用品等。

小知识：烯烃聚和催化剂是谁发明的?

塑料制品已成为人们日常生活不可或缺的组成部分。然而大家知道吗？所有这些生活必需品的生产都离不开庞大的聚烯烃工业和推动聚烯烃工业跨越式发展的烯烃聚合催化剂。20 世纪 50 年代，德国科学家卡尔·齐格勒和意大利科学家居里奥·纳塔发明了烯烃聚合催化剂，也叫齐格勒–纳塔催化剂，并开拓了定向聚合的新领域，两人为此在 1963 年共获诺贝尔化学奖。

▲扫描电镜下的聚丙烯催化剂
（北京化工研究院）

▲卡尔·齐格勒
Karl Ziegler

▲居里奥·纳塔
Giulio Natta

小知识：汽车的保险杠为什么是塑料的？保险杠究竟有什么意义？

汽车的保险杠是车身的一种配件（易损件），位于汽车的车头（称之为前保险杠）和车尾部（称之为后保险杠）。很多人在买车时都十分注意保险杠，为什么保险杠大多都是塑料呢？保险杠究竟有何意义？

保险杠主要的功能，是在发生碰撞时缓冲外界的冲击力，吸能；在发生低速碰撞时，保护行人；当车辆发生高速撞击时，通过保险杠的可变形塑料骨架产生形变吸震，最大限度减小撞击力对车内人员的冲击，达到保护乘客的目的。

塑料保险杠还可以避免刮蹭、掉漆的风险，不影响美观。保险杠多采用改性聚丙烯材料，也有用聚碳酸酯/ABS合金或其他改性工程塑料。

▲高级轿车保险杠
（北京化工研究院）

2.5.32 什么是聚氯乙烯？它主要用在什么地方？

聚氯乙烯（PVC）是以氯乙烯为单体经聚合反应制得的一种聚合物，是常用的热塑性塑料之一。纯聚氯乙烯树脂是较为坚硬的热塑性物质，其分解温度与塑化温度极为接近，而且机械强度较差。因此，纯聚氯乙烯树脂是不能制造产品的，必须加入增塑剂、稳定剂、填料等以改善性能，制成聚氯乙烯塑料，然后再加工成各类产品。

PVC的特点是阻燃性好（阻燃值为40以上）；耐化学药品性好，不溶于水、酒精、汽油，气体、水汽渗漏性低；耐酸、碱性和化学溶剂性好，机械强度高；电绝缘性良好。

PVC可根据加入增塑剂量的多少分为硬质PVC和软质PVC。PVC塑料形态各异，差别很大，加工方法也多种多样，可适用压制、挤出、注射、涂层等多种成型工艺。

PVC异型材。异型材是我国PVC消费量最大的领域，约占PVC总消费量的25%左右，主要用于制作塑料门窗和节能材料，其应用量在全国范围内仍有较大幅度增长。在发达国家，由于塑料门窗良好的隔热性能，市场占有率更是高居首位。

PVC管材。在众多的聚氯乙烯制品中，聚氯乙烯管道是其第二大消费领域，约占其消费量的20%。在我国，聚氯乙烯管较PE管和PP管开发早，品种多，性能优良，使用范围广，在市场上占有重要位置。

PVC膜。PVC膜领域在PVC的消费中位居第三，约占10%左右。PVC与添加剂混合、塑化后，制成压延薄膜。也可以通过剪裁，热合加工包装袋、雨衣、桌布、窗帘、充气玩具等。宽幅的透明薄膜可以供温室、塑料大棚及地膜之用。聚氯乙烯膜也可用于拉伸或热收缩包装，用于包装床垫、布匹、玩具和工业商品。

PVC板材。PVC可制成各种厚度的硬质板材。板材可以切割成所需的形状，然后利用PVC焊条用热空气焊接成各种耐化学腐蚀的贮槽、风道及容器等。

PVC软质品。PVC经挤出机可以制成软管、电缆、电线等；利用注射成型机配合各种模具，可制成塑料凉鞋、鞋底、拖鞋、玩具、汽车配件等。

PVC透明片材。PVC中加冲击改性剂和有机锡稳定剂，经混合、塑化、压延可以制成透明的片材。再利用热成型技术可以将PVC透明片材制成薄壁透明的包装容器。

小知识：国际比赛中使用的羽毛球场地地板采用何种材料制得？

你知道吗？国际比赛中使用的羽毛球场地、乒乓球场地和排球场地一般采用PVC运动地板（又叫塑胶地板）。由于PVC运动地板具有耐磨、安全、防滑性优良、易于清洁和养护，可以减缓运动员关节的冲击压力，保护运动员不受伤害，不怕水，不会霉变、不会变形和不会虫蛀的特点，被国际羽协、乒协和排协指定为专用地板，国际比赛不再使用其他地板作为比赛地板。

▲PVC玩具球（张颖/摄）

▲塑胶羽毛球场地（张颖/摄）

2.5.33 什么是聚苯乙烯？它主要用在什么地方？

聚苯乙烯是由苯乙烯单体经自由基加聚反应得到的聚合物。常见的聚苯乙烯有通用聚苯乙烯，高抗冲聚苯乙烯和发泡聚苯乙烯。

通用聚苯乙烯透明度很高，有较高的表面光泽。但表面硬度低，易刮伤；耐热性较差，它是一种无色透明的热塑性塑料，聚苯乙烯耐酸碱和多元醇，受许多烃类、酮类、高级脂肪脂等侵蚀而软化，溶于芳烃。

高抗冲聚苯乙烯是将少量聚丁二烯接技到聚苯乙烯基体上，具有“海岛结构”，连续相是塑料，分散相是橡胶。从外观上不再具有透明特性，其尺寸稳定性与通用聚苯乙烯类似，但具有更好的冲击强度和刚性。

这两个品种的聚苯乙烯分别可以加工成各种棒材、片材、板材、管材、异型材，多用于生产电气、仪表外壳、家用光学零件、灯具、餐具、玩具、标牌、电器配件、高频绝缘材料等。

发泡聚苯乙烯分可发性聚苯乙烯和挤出发泡聚苯乙烯。可发性聚苯乙烯是在普通聚苯乙烯中浸渍低沸点的物理发泡剂制成，在模具中受热汽化，制成不同形状泡沫塑料产品。我们日常购买电器仪器时的防震包装材料、叫外卖时的一次性保温快餐盒多数是由可发性珠粒发泡聚苯乙烯制成。挤出发泡聚苯乙烯是采用普通聚苯乙烯粒料，在挤出机适当部位加入二氧化碳，使之与塑料熔体混合均匀，当物料离开机头时即膨胀发泡，常用于制片材或板材，片材再经真空吸塑成型可制成食品包装盒和托盘等。

小知识：常用的高透明塑料有哪些？各自有什么特点？

常用的高聚物透明材料有聚苯乙烯、聚甲基丙烯酸甲酯（有机玻璃）、聚碳酸酯。它们分子组成和结构、聚合方法不同，使用场合不同，价格也不同。

聚苯乙烯是一种应用很广的透明高聚物。它可以经过注塑或模压工艺加工制成各种透明的日用制品，也可利用其绝缘性好的特点制成透明的电器零件。缺点是脆性较大，容易产生微裂纹和老化发黄。

聚甲基丙烯酸甲酯，俗称有机玻璃。也是一种重要的高聚物透明材料。它耐许多化学药品，力学强度较聚苯乙烯高，冲击韧性好，在飞机制造中广泛用作驾驶员坐舱盖、客舱的窗玻璃。但作为飞机的坐舱盖材料仍有一些缺点，如断裂韧性小，在使用过程中产生的裂纹若扩展速率过大会产生瞬时断裂。另外，这种材料易产生银纹，是部件损坏的潜在危险。但如采用取向聚甲基丙烯酸甲酯工艺，或称拉伸的丙烯酸酯塑料，则强度有所增加，冲击韧性大大提高，受枪弹射击后不会破成碎片，因此现今许多军用飞机都采用拉伸取向材料来制造坐舱盖。

聚碳酸酯的透光性不如聚甲基丙烯酸甲酯，如 6 毫米厚板的透光率约 83%。但聚碳酸酯的特点是韧性极高，耐热性也较好，具有较高的玻璃化温度（150 摄氏度）。聚碳酸酯用来制造新型高速飞机的坐舱盖。例如，一架马赫数为 2.0 的高速飞机，表面受空气动力摩擦后温度高达 110℃左右，再者飞机在低空飞行时有受到飞鸟冲击的危险，在这些情况下聚甲基丙烯酸甲酯性能不如聚碳酸酯。

2.5.34 什么是 ABS 树脂？它主要用在什么地方？

ABS 树脂是由丙烯腈（Acrylonitrile）、丁二烯（Butadiene）和苯乙烯（Styrene）三种单体经聚合反应得到的三元共聚物，学名叫丙烯腈－丁二烯－苯乙烯共聚物。为简化命名，取每个单体英文名字的第一个字母，故称为ABS。它具有无毒、无臭、坚韧、质硬，呈刚性，并有较好的耐低温性、耐蠕变性以及良好的综合物理机械性能，广泛用于汽车工业、电器仪表工业和机械工业中。ABS 既可以单独加工成型制备各种产品，也能与其他塑料或弹性体共混制成“塑料合金”，从而获得新的性能和用途。

ABS 最大的用途是制作家用电器及家用电子设备的零部件，如电视机、收录机、洗衣机、电冰箱、电唱机、电话机、吸尘器、电扇、空调的壳体及部件；办公用品中的计算机、复印机和各种文教用品；轻工业中的箱包、某些产品的零部件（自行车、照相机、时钟、缝纫机、乐器）等；建筑业中的板材、管道；农业中的各种农具、喷灌器材等；在机械和仪表工业中，ABS 常用作齿轮、叶轮泵、轴承、电机外壳、仪表壳、仪表盘、蓄电池槽、纺织器材等；在汽车工业中，可作挡泥板、扶手、空调管道、加热器、小轿车车身、汽车配件、车灯壳等。

▲ 用 ABS 树脂做的儿童积木（张薇 / 摄）

2.5.35 什么是聚酯？它主要用在什么地方？

聚酯是由多元醇和多元酸经缩聚反应而得的聚合物总称。聚酯树脂最大品种是聚对苯二甲酸乙二酯（PET）和聚对苯二甲酸丁二酯（PBT），行业中一并称之为热塑性聚酯，是五大工程塑料之一。

聚对苯二甲酸乙二酯即PET塑料，也可以叫聚酯切片、涤纶树脂。其分子结构高度对称，具有一定的结晶取向能力，故而具有较高的成膜性和成纤性。工业化初期聚对苯二甲酸乙二酯几乎都用于合成纤维生产。聚酯纤维（涤纶）要占到所有合成纤维的80%以上，占到合成纤维和天然纤维（棉、毛、丝、麻）总量的60%以上。20世纪80年代以后，随着成核剂和结晶促进剂的相继使用，聚对苯二甲酸乙二酯作为工程塑料有了突破性的进展，其力学性能、耐热性等得到很大提高。

▲ PET 材质的饮料瓶（张颖 / 摄）

PET具有很好的光学性能和耐候性，非晶态的PET具有良好的光学透明性，优良的耐磨耗摩擦性和尺寸稳定性及电绝缘性。

▲聚酯纤维仿真花（赵思源 / 摄）

PET树脂适用多种成型加工方式，如注塑、挤出、吹塑、涂覆、粘接、机加工、电镀、真空镀金属、印刷等。其用途也非常广泛，除可以制造纤维以外，还可以用来制造薄膜片材，用于各类食品、药品无毒无菌的包装；用于精密仪器、电器元件的高档包装材料；用于电气绝缘材料、电容器膜、柔性印刷电路板、柔性显示屏及薄膜开关的制备等。

PET做成的包装瓶是我们最熟悉的，其强度大、高透明、无毒、不渗透、质量轻，用途已由最初的碳酸气饮料（如可口可乐）发展到现在的啤酒瓶、食用油瓶、调味品瓶、药品瓶、化妆品瓶等。

聚对苯二甲酸丁二酯，简称PBT。它是对苯二甲酸与1，4-丁二醇经缩聚反应得到的一种聚合物。

PBT和PET都叫聚酯，它们有什么区别呢？ PBT可以说是PET的升级版，PBT是20世纪70年代迅速发展出来的一种新型工程塑料，与PET结构极为相似，但它的分子主链由2个亚甲基变成了4个，降低了苯环与相邻酯基的密度和距离，分子链更加柔顺，加工性能更加优良。与PET相比有更低的玻璃化转变温度（约为50摄氏度）和更低的熔点（225～235摄氏度），可加工温度更低。PBT的一般力学性能均在PET之上，具有较高的尺寸稳定性、良好的耐化学腐蚀性、优异的电绝缘性、好的机械性能和弹性、较低的吸水性等，在熔融状态下有更好的流动性，易于成型加工。

PBT主要应用领域有：电子电器行业，如电磁开关、变压器、家电把手、连接器、外壳；汽车行业，如车门把手、保险杆、分电器盖、挡泥板、导线护壳、轮圈盖；工业零件：如OA风扇、键盘、钓具卷线器、零件、灯罩等。

2.5.36 什么是聚酰胺？它主要用在什么地方？

聚酰胺（PA）俗称尼龙，它是大分子主链重复单元中含有酰胺基团的高聚物的总称，最常见的是尼龙6和尼龙66。聚酰胺可由内酸胺开环聚合制得，也可由二元胺与二元酸缩聚等得到。聚酰胺（PA）是指主链节含有极性酰胺基团（—CO—NH—）的高聚物。

聚酰胺具有良好的综合性能，如力学性能、耐热性、耐磨损性、耐化学药品性和自润滑性，且摩擦系数低，有一定的阻燃性，易于加工，适于用玻璃纤维和其它填料填充增强改性，提高性能和扩大应用范围。

聚酰胺最初用作制造纤维的原料，尼龙丝袜是人们对聚酰胺最直观的认知。20世纪50年代人们发现聚酰胺可以通过工艺调节使其具有强韧、耐磨、自润滑、使用温度范围更宽的特性，于是开始开发和生产注塑制品，以取代金属满足下游工业制品轻量化、降低成本的要求。从此，聚酰胺成为制造业中应用广泛的一种工程塑料。

聚酰胺的品种繁多，有PA6（尼龙6）、PA66（尼龙66）、PA11、PA12、PA46、PA610、PA612、PA1010等，以及近几年开发的半芳香族尼龙和特种尼龙等新品种。

聚酰胺可用多种成型方法加工，如注射、挤出、浇铸、模压等。作为工程塑料，尼龙主要用于制作耐磨和受力的传动部件，广泛应用于机械、交通、仪器仪表、电气、电子、通信、化工及医疗器械和日用品中。如涡轮、齿轮、轴承、叶轮、曲柄、仪表板、驱动轴、阀门、叶片、丝杆、高压垫圈、螺丝、螺母、密封圈、梭子、套筒、轴套连接器、拉锁搭扣等。

2.5.37 什么是聚碳酸酯？它主要用在什么地方？

聚碳酸酯（PC）简称聚碳，是一种线型碳酸聚酯，分子中碳酸基团与另一些基团交替排列，这些基团可以是芳香族，可以是脂肪族，也可两者皆有。

聚碳酸酯（PC）是一种综合性能优良的热塑性工程塑料，其电性能优良，吸水率低，透光性好，可见光的透过率可达90%以上，是五大通用工程塑料中唯一具有良好透明性，同时又兼备较高的强度、延展性及韧性的塑料，被广泛应用于电子电器、家电、建筑建材、汽车制造和医疗器械等领域。我们日常生活中常用的树脂眼镜片大部分由聚碳酸酯制成。目前该材料已成为五大工程塑料中增长速度最快的通用工程塑料。

聚碳酸酯板材的隔热性能比普通玻璃高25%，抗冲击强度是玻璃的250倍，而重量仅为玻璃的1/2，是建筑装饰业理想的采光材料，在各种形状的大面积采光屋顶、楼梯护栏及高层建筑采光设施等领域有着广泛的应用。

聚碳酸酯还可用于汽车制造业、医疗器械、航空航天、包装领域、电子行业、光学透镜领域等。聚碳酸酯更是制造光盘储存介质理想的材料。

小知识：高速公路有的路段为何不设路灯？

你知道吗？高速公路很多路段是不设路灯的，但你不用担心看不见前面的道路。当你在高速公路上赶夜路时，车灯一打，地面上有连续密布的反光点为你指路。这些反光点称作“道钉”，它们是用聚碳酸酯制成，带有特殊纹图。只要你打开车灯，光线照射其上，就会反射发光，使司机在夜间清楚地看到路线。

2.5.38 什么是聚甲醛？它主要用在什么地方？

聚甲醛（POM），是具有优异综合性能的工程塑料，物理、机械性能好，化学稳定性好，特别是具有优异的耐摩擦性能。

聚甲醛分为均聚甲醛和共聚甲醛两种。两者的区别是均聚甲醛密度、结晶度、熔点都高，但热稳定性差，加工温度范围窄，对酸碱稳定性略低。而共聚甲醛密度、结晶度、熔点都较低，但热稳定性好，不易分解，加工温度范围宽，对酸碱稳定性较好。

POM广泛应用于电子电气、机械、仪表、日用轻工、汽车领域。如热水阀门、精密计量阀、输送机的链环和辊子、流量计、汽车内外部把手、曲柄等车窗转动机械，油泵轴承座和叶轮燃气开关阀、电子开关零件、紧固体、接线柱镜面罩、电风扇零件、加热板、仪表钮；录音录像带的轴承；各种管道和农业喷灌系统以及阀门、喷头、水龙头、洗浴盆零件；各种雪橇零件，手表微型齿轮、体育用设备的框架辅件和背包用各种环扣、紧固件、打火机、拉链、扣环；医疗器械中的心脏起博器；人造心脏瓣膜、顶椎、假肢等。

2.5.39 什么是聚氨酯？它主要用在什么地方？

聚氨酯（PU）是聚氨基甲酸酯的简称，它是一种和人们生活关联度最高的聚合物之一，一般是由二元或多元有机异氰酸酯与聚醚（或聚酯）多元醇经反应制成。

聚氨酯作为新型多功能高分子材料，在汽车、建筑、家电、家具等方面得到广泛应用。它的制品主要有以下几类：

①软质聚氨酯泡沫塑料　主要用于沙发、床垫、垫材等家具行业；交通运输工具的座、靠垫；汽车内装饰件、隔音垫；包装、服装、鞋帽衬垫等。

②硬质聚氨酯泡沫塑料　主要用于冰箱、冰柜等制冷电器行业；建筑行业的隔热；冷库保冷、冷藏车的保冷、管道的绝热等。

③弹性体　主要用于生产鞋底、汽车零部件；建筑的防水材料；体育场的跑道；油田采油设备的密封件；冶金、纺织工业的胶辊等。

④合成浆料　主要应用领域是人造革、鞋类、箱包、沙发和汽车座椅。

⑤胶粘剂　主要用于制鞋、薄膜复合、密封剂等。

⑥涂料　主要用作生产聚氨酯漆，作为木器家具漆和地板漆。

⑦纤维　主要用于生产氨纶。由于其弹性好、强度高、耐久性和耐热性好，故可作伸缩性衣料用纤维，广泛用于制成游泳衣、弹力牛仔布和灯芯绒织物、滑雪衣、紧身裤、运动衣、针织内衣的领口、袖口、裤口、袜口和松紧带等，在医疗上可作绷带、手术线、人造皮肤等。

▲体育场上的聚氨酯跑道（张颖 / 摄）

2.5.40　什么是环氧树脂？它主要用在什么地方？

环氧树脂是环氧氯丙烷与双酚 A 或多元醇的缩聚产物。目前使用最广泛的品种是双酚 A 型环氧，其次是溴化双酚 A 型和酚醛型环氧，是一种热固性树脂。

通常情况下，常见的环氧树脂有液体、黏稠体、固体等形态，使用时会根据不同终端用途的需要，配以不同的固化剂和改性剂以控制黏度的变化并获得各种优异的性能。

环氧树脂最大的用途是用于涂料、复合增强材料、胶粘剂等领域。

环氧涂料一般分为油性环氧涂料和水性环氧涂料两种，适用于钢铁表面和防锈底漆和车间底漆，也可作桥梁、船舶、海上平台、水下涂层、港湾设施、汽车底盘表面防锈、油罐外壁防锈底漆，还可作化工设备防腐涂层、煤矿设施的防腐涂层等。

环氧树脂复合材料较常见的是玻璃钢，它是用玻璃纤维作为增强体加工构成。广泛用于船舶、车辆、化工管道和贮罐、建筑结构、体育用品等方面。

环氧树脂作为胶黏剂有着多种用途，品种多样，主要包括通用胶、结构胶、耐高温胶、耐低温胶、导电胶、光学胶、点焊胶、密封胶、土木建筑胶等。

2.5.41 什么是酚醛树脂？它主要用在什么地方？

酚醛树脂也叫酚醛塑料、电木、电木粉。它是由苯酚和甲醛在催化剂条件下缩聚而制成的树脂。因选用催化剂的不同，可分为热固性和热塑性两类。

酚醛树脂最重要的特征就是耐高温性，在非常高的温度下，也能保持其结构的整体性和尺寸的稳定性。正因为这个原因，酚醛树脂被应用于一些高温领域，例如耐火材料、摩擦材料、胶黏剂和铸造行业。

酚醛树脂另一个重要的应用就是作为胶粘剂。它能与各种各样的有机和无机填料相容。

酚醛树脂还适用于公共运输和安全要求非常严格的领域，如矿山、防护栏和建筑业等。

酚醛树脂发泡性好。其发泡倍率高，刚性大，尺寸稳定性好，耐化学腐蚀，耐热性好，难燃，自熄，低烟雾，价格低廉，是电器、仪表、建筑、石油化工等行业较为理想的绝缘隔热保温材料。例如中央空调系统、轻质保温彩钢板、房屋隔热降能保温、化工管道的保温材料（尤其是深低温的保温）、车船等场所的保温领域。

你知道吗？利民工程——老旧小区改造给楼房加装保温层，使用的保温板就是酚醛泡沫板。

酚醛树脂也是制造复合材料的重要原料。以酚醛树脂（主要是热固性酚醛树脂）溶液或乳液浸渍各种纤维及其织物，经干燥、压制成型得到各种增强塑料。它不仅机械强度高、综合性能好，而且可进行机械加工。以玻璃纤维、石英纤维及其织物增强的酚醛塑料主要用于制造各种制动器摩擦片和化工防腐蚀塑料；高硅氧玻璃纤维和碳纤维增强的酚醛塑料还是航天工业的重要耐烧蚀材料。

2.5.42 我国通用合成树脂产品产量情况如何？

年份	合成树脂合计/万吨	聚乙烯/万吨	聚丙烯/万吨	聚苯乙烯/万吨	聚氯乙烯/万吨	ABS树脂/万吨
1990	226.91	78.35	38.53	8.03	78.53	1.35
1995	483.98	132.19	106.44	25.54	137.39	4.04
2000	1096.70	300.00	323.95	81.41	238.73	18.54
2005	2150.23	520.93	518.49	102.75	668.30	47.30
2010	4391.00	987.60	900.70	193.80	1151.20	134.50
2015	7718.20	1385.52	1686.42	305.32	1619.01	308.93

*数据来源于国家统计局及网络，供参考。

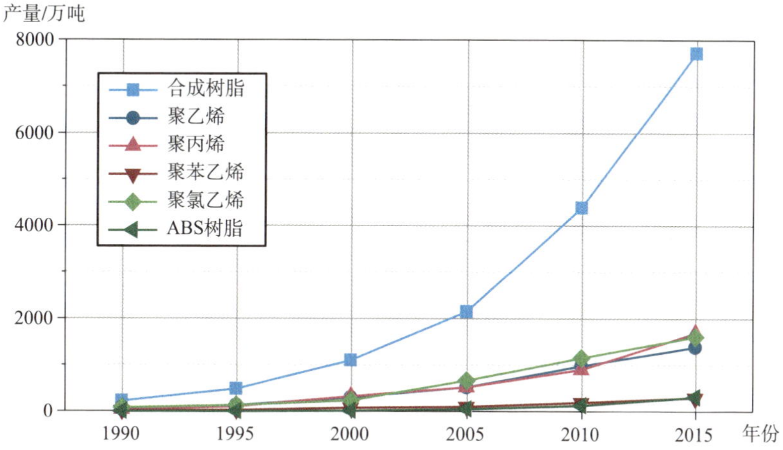

▲我国通用合成树脂产品产量

从统计数据可知，我国通用合成树脂产品产量呈逐年上升趋势，以聚丙烯为例，2015年与2010年相比，产量增长了87%。

2.5.43 我国主要合成纤维产品产量情况如何?

我国主要合成纤维产品产量一览表

年份	合成纤维/万吨	涤纶/万吨	锦纶/万吨	腈纶/万吨	维纶/万吨	丙纶/万吨
1990	143.43	104.22	11.24	12.24	5.51	7.55
1995	279.03	194.43	27.77	27.43	5.03	20.77
2000	639.85	517.50	40.36	47.37	2.54	29.44
2005	1663.73	1441.12	72.04	78.93	4.00	24.46
2010	2718.60	2418.40	145.40	67.20	5.70	29.70
2015	4384.58	3839.98	305.89	72.53	7.15	23.15

*数据来源于国家统计局及网络，供参考。

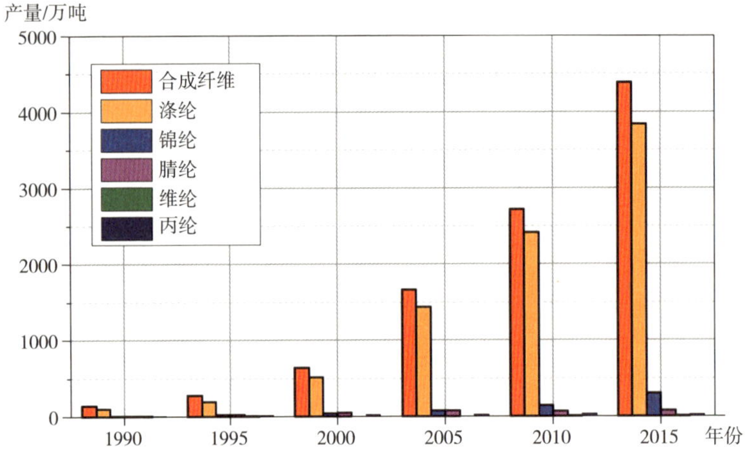

▲我国主要合成纤维产品产量

从统计数据可知，我国主要合成纤维产品产量呈逐年上升趋势，以涤纶为例，2015年与2010年相比，产量增长了59%；而2015年与2005年相比，十年间产量增长了166%。

2.6 精细化工主要产品和应用

2.6.1 什么是精细化工？

精细化工是精细化学品工业的简称，是技术密集型产业。其生产的精细化学品具有特定的功能性和专用性。我国对精细化学品的定义为：凡能增进或赋予一种产品以特定功能，或本身拥有特定功能的小批量、纯度高的化工产品称为精细化学品，有时也称为专用化学品。其下游包括医药、农药、合成染料、化妆品、表面活性剂、食品添加剂、电子化学品等。精细化工是当今世界各国化学工业发展的战略重点，也是一个国家综合技术水平的重要标志之一。

2.6.2 精细化工是怎么分类的？

精细化工产品品种繁多，所包括的范围很广。各国精细化工的范围是根据本国化工生产技术水平和生活水平等综合因素而确定的，不完全相同，而且随着科学技术的发展不断加以调整。精细化工产品主要包括以下12个产品类别：

（1）医药和医药中间体；

（2）农药；

（3）染料；

（4）涂料（包括油漆和油墨）；

（5）颜料；

（6）试剂和高纯物；

（7）电子化学品；

（8）食品和饲料添加剂；

（9）粘合剂；

（10）催化剂和各种助剂；

（11）表面活性剂和日用化学品；

（12）高分子聚合物中的功能高分子材料（包括功能膜、偏光材料等）。

2.6.3 什么是医药和医药中间体？

医药是预防或治疗人类疾病的物质或制剂。按来源可分成天然药物和合成药物。医药可预防疾病、治疗疾病、减少痛苦，或增强机体对疾病的抵抗力。在我国，可分为中药和西药，由于其重要性，其本属于另外的门类。

但是医药中间体是和化工密切相关的，它们是用于药物合成过程中的化工产品。我国每年约需与医药配套的原料和中间体2000多种，经过多年发展，我国医药生产所需的化工原料和中间体基本能够配套，并有许多中间体实现了大量出口，如青霉素产量居世界前列，大量出口供应国际市场。

2.6.4 什么是农药？它是怎么分类的？

农药广义的定义是指用于预防、消灭或者控制危害农业、林业的病、虫、草和其他有害生物以及有目的地调节、控制、影响植物和有害生物代谢、生长、发育、繁殖过程的一种物质或者几种物质的混合物及其制剂。狭义上是指在农业生产中，为保障、促进植物和农作物的成长，所施用的杀虫、杀菌、杀灭有害动物（或杂草）的一类药物统称。特指在农业上用于防治病虫以及调节植物生长、除草等药剂。对于农药的含义和范围，不同的时代、不同的国家和地区有所差异。

根据原料来源农药可分为有机农药、无机农药、植物性农药、微生物农药、昆虫激素等；根据防治对象，可分为杀虫剂、杀菌剂、杀螨剂、杀线虫剂、杀鼠剂、除草剂、脱叶剂、植物生长调节剂等；根据加工剂型可分为可湿性粉剂、可溶性粉剂、乳剂、熏蒸剂、油剂、颗粒剂、微粒剂等。

2.6.5 为什么说农药是农作物稳产的保障？

农药是重要的生产资料，在保障农业高产、稳产和人类健康等方面发挥了巨大的作用。据有关资料报道，全世界由于病、虫、草、鼠害而损失的农作物收获量相当于潜在收获量的三分之一，如果一旦停止用药或严重的用药不当，一年后将减少收成25%～40%（与正常用药相比），两年后将减少40%～60%以至绝产。据联合国粮食及农业组织（FAO）估计，在发展中国家如果不使用杀虫剂，棉花将减产50%。据农业部统计，由于使用农药，我国平均每年挽回粮食2500万吨、棉花40万吨、蔬菜800万吨、果品330万吨，减少经济损失约300亿元。近年来，由于许多高效、低毒、低残留新农药的出现，农药使用的投入产出比已高达1：10以上。所以，农药的使用是保证农业生产经济效益的重要手段。

2.6.6 合理使用农药与滥用农药的区别?

化学农药可有效保障农业生产，防治农业生产的病虫害，达到农产品产量提高的目的，然而，如果存在农药在多种作物的过度使用和滥用，高毒农药的危害、食品中的农药残留等问题，会危及食品安全和公众健康，并给环境和生态带来严重的污染与危害。

我国每年化学农药使用面积在2.8亿公顷以上，施用量达50万~60万吨，其中约80%的化学农药直接进入环境。农药进入环境后不仅可以在大气、土壤、水等环境介质之间扩散，还会随着食物链的传递在不同生物体内富集，进而对人类健康和整个生态系统的结构产生危害，因此化学农药环境污染的防控任务十分艰巨。

2015年初，农业部组织实施到2020年农药使用量“零增长”行动计划，实现农药减量控害。根据发达国家的经验，结合我国实际，转变有害生物防控方式，推行综合防治、科学用药，特别是从改进施药机械、组织方式、使用技术等方面推进精准施药，可不断提高农药利用率，实现减量控害。合理使用农药，推行农药减量使用，主要体现在四个方面：

一是提高农产品质量安全水平。实现农药的科学减量使用，将在一定程度上减轻农药对农产品的污染，也将有效控制农产品农药残留超标，必将大大提高我国农产品质量安全水平，增强农产品国际竞争力。

二是保护农业生态环境。农药是造成农业和农村面源污染的一个重要方面。实现农药的科学减量使用，将从源头上减轻农药对环境的影响，对于保护农业生态安全具有重大意义。

三是减轻农作物药害和抗药性发生。如果农药不合理使用特别是过量使用，容易产生农作物药害，实现农药的科学减量使用，将有效预防农作物药害发生，延缓抗药性的发展。

四是促进农民增收。实现农药的科学减量使用，不仅能保障农业增产，而且可以降低农药使用成本，因而也有利于农业增效、农民增收。

中央电视台科教频道（CCTV-10）曾经做过两期农药科普节目（《农药的秘密》上下集）。

2.6.7 染料、涂料和颜料是不是一回事？它们的区别在哪里？

染料、涂料和颜料听起来很相像，但它们并不是一回事。

染料是能将纤维或其他基质染成一定颜色的有机化合物，染料主要用于织物的染色和印花，它们大多可溶于水，或通过一定的化学处理在染色时转变成可溶状态。有些染料不溶于水但可以溶于醇、油，可用于油蜡、塑料等物质的着色。

涂料是涂覆在被保护或被装饰的物体表面，并能与被涂物形成牢固附着的连续薄膜，通常是以树脂或油或乳液为主，添加或不添加颜料、填料，添加相应助剂，用有机溶剂或水配制而成的黏稠液体。在涂料界最直接的体现是遮盖力，染料几乎没有遮盖力，与体系相容性处理不好，更易析出迁移。

颜料就是能使物质染上颜色的物质，颜料有可溶性的和不可溶性的，有无机的和有机的区别。无机染料一般是矿物性物质，人类很早就知道使用无机颜料在岩壁

▲各种染料（张颖/摄）

▲绿色环保的水漆

上作画和涂抹身体。颜料常用于配制涂料、油墨以及用于印染、着色塑料和橡胶，因此又可称是着色剂。

2.6.8 染料、涂料和颜料各自的应用领域在哪里?

染料主要用于各种纤维的染色，同时在塑料、橡胶、油墨、皮革、食品、纺织、合成洗涤剂、造纸、感光材料、激光技术、液晶显示等领域都有广泛应用。主要用于染色、着色、涂色三种作用。

涂料的作用主要有四点：保护、装饰、掩饰产品的缺陷和其他特殊作用，提升产品的价值。其应用领域广泛，按用途可分为建筑涂料、汽车涂料、飞机涂料、家电涂料、木器涂料、桥梁涂料、塑料涂料、船舶涂料、管道涂料、钢结构涂料、橡胶涂料、航空涂料等。其中用量最大的是建筑涂料。

颜料主要应用于涂料、油墨、印染、塑料制品、造纸、橡胶制品和陶瓷等行业。因此，从应用角度来分类又可分成涂料用颜料、油墨用颜料、塑料用颜料、橡胶用颜料、陶瓷及搪瓷用颜料、医药化妆品用颜料、美术用颜料等。各种专用颜料均有一些独特的性能，以符合应用的要求。

2.6.9 什么是感光材料？它的主要用途有哪些?

感光材料指在光或射线照射下能发生物理或化学变化，经过适当的显影、定影处理，能够形成影像的材料，主要是银盐，是记录、存储、复制图文信息的重要材料。狭义的感光材料通常指照相中所使用的胶片、胶卷、相纸和板材等材料；广义的感光材料还包括对热和压力敏感，通过热敏、压敏成像的材料。随着电子感光技术的发展，化学感光逐步退出历史舞台，目前只有一小部分爱好者和特殊情况下使用。

随着科学技术的发展，不仅可见光可作为影像记录的辐射源，紫外线、红外线、X射线，γ射线和电子束等均可作为影像记录的辐射源，如通常用的医用照相胶片、影像纸、X光胶片、感光树脂、光致抗蚀剂等；此外，在印刷制版、电子工业、遥感、全息照相、医疗诊断、工业探伤等领域也有广泛应用。

2.6.10 什么是磁性记录材料？它的主要用途有哪些？

磁性记录材料是电子材料化学品的一种，指的是凡是用于音频记录、视频记录、模拟记录和数字记录的磁性材料，都成为磁性记录材料。除磁带外，磁性记录材料还有磁盘、磁鼓、磁卡等。近年来，磁性记录材料的技术发展方向是提高记录密度和灵敏度，结构薄层化和小型化。随着信息技术的发展，磁记录材料的性质、形态也在不断发生变化，大容量、新型的记录材料和形态不断出现。原来的磁带、磁盘已经大量被优盘、移动硬盘等替代。

2.6.11 什么是食品添加剂？合理使用食品添加剂有哪些规定？

食品添加剂是为改善食品品质和色、香、味，以及为防腐、保鲜和加工工艺的需要而加入食品中的人工合成或者天然物质。我国对食品添加剂的生产和使用实行许可制度，只有确有必要使用、安全可靠并经过我国政府批准的才是合法的食品添加剂。GB 2760—2014规定："不应掩盖食品本身或加工过程中的质量缺陷或以掺杂、掺假、伪造为目的而使用食品添加剂"。

食品添加剂只是众多添加剂中的一种，其他添加剂还有饲料添加剂、药品添加剂、混凝土添加剂、塑料添加剂、涂料添加剂、汽油添加剂等。尽人皆知的三聚氰胺不是食品添加剂；苏丹红、"瘦肉精"等都是非食用物质，根本不是食品添加剂。因此必须把食品添加剂和非食用物质区别开来。中国工程院孙宝国院士主编的《躲不开的食品添加剂》一书中有详细的解答和论述。

▲ 孙宝国院士主编的《躲不开的食品添加剂》（张颖 / 摄）

2.6.12 什么是饲料添加剂？合格饲料添加剂的标准是什么？

饲料添加剂是指在饲料生产加工、使用过程中添加的少量或微量物质，包括营养性饲料添加剂和一般饲料添加剂。饲料添加剂是现代饲料工业必然使用的原料，对强化基础饲料营养价值，提高动物生产性能，保证动物健康，节省饲料成本，改善畜产品品质等方面有明显的效果。

饲料添加剂均包括营养性饲料添加剂、一般饲料添加剂和药物饲料添加剂三大类。饲料添加剂的使用分为四个标准。

（1）禁止使用的添加剂

此类添加剂主要指药物饲料添加剂、兽药等。此类添加剂可通过饲料或饮水途径进入动物机体，产生药物残留，因而禁止其在食品动物中的使用。农业部、卫生部、国家药品监督管理局联合发布公告（农业部公告176号），公布了《禁止在饲料和动物饮水中使用的药物品种目录》，该目录收载了5类40种禁用药物品种。

（2）可常规使用的饲料添加剂

农业部于2013年12月30日发布公告（农业部公告第2045号），公布了《饲料添加剂品种目录》，该目录共收录了允许使用的饲料添加剂13大类345种，包括饲料级氨基酸30种，饲料级维生素37种，饲料级矿物质、微量元素82种，饲料级酶制剂13种，饲料级微生物添加剂34种，饲料级非蛋白氮10种，抗氧化剂9种，防腐剂、防霉剂和酸度调节剂38种，着色剂18种，调味剂、香料11种（类），粘结剂、抗结块剂和稳定剂40种（类），多糖和寡糖类为9种，其他类14种。

此外，符合国家标准的无公害食品的饲料添加剂、绿色食品的饲料添加剂也是饲料添加剂的重要组成部分，并代表着未来的发展方向。

2.6.13 什么是日用化学品？日用化学品是怎么分类的？

人们日常生活中使用的具有清洁、美化、清新、抑菌杀菌、保湿保鲜等功能的精细化学品称为日用化学品。日用化学品包括洗涤化学品、化妆化学品、香精香料化学品、保湿保鲜化学品、其他特殊功能的化学品等。

日用化学品的种类

- （一）洗涤化学品
  - ①皂类洗涤剂（固体皂、液体皂等）
  - ②洗衣粉
  - ③洗发香波
  - ④织物洗涤剂
  - ⑤餐具洗涤剂
  - ⑥硬表面清洁剂
  - ⑦浴液
- （二）化妆化学品
  - ①基础化妆品（洗面奶、润肤霜、保湿霜等）
  - ②美容化妆品（口红、眼影、指甲油、粉底霜等）
  - ③体用化妆品（沐浴液、防晒霜等）
  - ④发用化妆品（洗发、护发、整型、烫染等）
  - ⑤芳香化妆品（香水、香粉等）
- （三）香精香料化学品
  - ①天然香料（动物性天然香料、植物性天然香料）
  - ②人造香料（单离香料及合成香料）
  - ③调和香料（亦称香精）
- （四）保湿保鲜化学品、其他特殊功能的化学品

▲ 日用化学品的种类

2.6.14 日用化学品与哪类化工产品有关？它的主要功能是什么？

日用化学品，特别是洗涤用品（肥皂、洗衣粉、洗衣液、洗发露、沐浴露等），是自古以来人类生活离不开的一类物质。古代多使用天然碱、草木灰、皂荚等天然产物，现代开发了化学合成的洗涤剂。洗涤剂通常包括主要成分——表面活性剂和辅助成分——助洗剂等。

表面活性剂在洗涤剂中起主要的作用，它可减弱污渍与衣物间的附着力，在洗涤水流及手的搓洗或洗衣机的搅拌等机械力的作用下，使污垢从衣服表面脱离，以达到洗净衣物的目的。

表面活性剂分子是一种结构中含有亲水基团和亲油基团的两亲分子，由于这

种特殊的两亲结构，使其具有润湿作用、分散作用、泡沫和增溶作用等。表面活性剂的原料主要来自于天然油脂、石油化工产品（直链烷基苯磺酸钠等）。表面活性剂分子根据在水中解离生成的离子所带电荷的不同，分为阴离子、阳离子、非离子和两性离子表面活性剂，合成洗涤剂中所用的表面活性剂以阴离子表面活性剂为主。

我国表面活性剂产量及表观消耗量统计

年　份	2011年	2012年	2013年	2014年	2015年
产量/万吨	372.00	380.00	392.00	410.00	430.00
同比增长/%	—	2.15	3.15	4.59	4.87
净进口量/万吨	0.68	–8.24	–9.51	–14.6	–17.28
表观消耗/万吨	372.68	371.76	382.49	395.40	412.72
同比增长/%	—	–0.24	2.89	3.37	4.38

2.6.15　什么是化学试剂？它的主要用途有哪些？

化学试剂是指在化学试验、化学分析、化学研究及其他试验中使用的各种纯度等级的化合物或单质。它是进行化学研究、成分分析的相对标准物质，按其用途可以分为分析试剂、诊断试剂、教学试剂、实验试剂、分离工具、缓冲溶液、指示试剂、生物染色素、感光材料、合成试剂、中间体、化工原料、水质分析、残留农药测试试剂、分子生物学试剂等。化学试剂主要用于物质的合成、分离、定性和定量分析，广泛应用于工业、农业、医疗卫生、生命科学、检验检疫、环境保护、能源开发、国防军工、科学研究和国民经济的各行各业。

2.6.16　什么是加工助剂？它是如何分类的？

加工助剂是某些产品或材料生产或加工过程所需添加的各种辅助化学品，用以改善生产工艺和提高产品性能。“助剂”也常称作“添加剂”或“配合剂”。塑料、橡胶、合成纤维等合成材料，都需要各自的助剂。按照助剂的功能，可以分为：

①稳定剂（防止或延缓聚合物在加工、贮藏、使用过程中的老化变质），包括抗氧剂、光稳定剂、热稳定剂、防霉剂等；

②改善机械性能的助剂，如树脂交联剂、补强剂、填充剂、偶联剂、抗冲击剂等；

③改善加工性能的助剂，如润滑剂、脱模剂、软化剂等；

④柔软化和轻质化的助剂，如增塑剂、发泡剂；

⑤难燃化助剂，如阻燃剂等。

2.6.17 什么是催化剂？它主要有哪些用途?

在化学反应里改变反应所需的活化自由能，改变反应物化学反应速率，且本身的质量和化学性质在化学反应前后都没有发生改变的物质叫催化剂（固体催化剂也叫触媒）。催化剂会诱导化学反应发生改变，而使化学反应变快或减慢或者在较低的反应条件（温度、压力）环境下进行化学反应。但是，有些催化剂的外延和内涵也会在反应中发生变化，如聚烯烃催化剂，在烯烃聚合过程中催化剂就进入了聚合物中，是消耗型的催化剂。

催化剂在现代化学工业中占有极其重要的地位，现代化学工业的巨大成就与催化剂的使用是分不开的。据统计，约有90%以上的工业过程中使用催化剂，如化工、石化、生化、环保等。例如，从煤炭和石油资源出发合成了甲醇、乙醇、丙酮、丁醇等基本有机原料；合成纤维的生产减轻了人类对棉花的依赖；塑料的发展减轻了人类对木材的依赖。合成橡胶、化肥、医药、合成食品、调味品的生产都与催化剂的使用分不开。

在化工生产、科学家实验和生命活动中，催化剂都大显身手。例如，硫酸生产中要用五氧化二钒作催化剂。由氮气与氢气合成氨气（合成氨），要用以铁为主的多组分催化剂，提高反应速率。在炼油厂，催化剂更是少不了，选用不同的催化剂，就可以得到不同品质的汽油、煤油。汽车尾气中含有一氧化碳和一氧化氮，利用铂等金属作催化剂可以迅速将二者转化为无害的二氧化碳和氮气。酶是植物、动物和微生物产生的具有催化能力的蛋白质，生物体的化学反应几乎都在酶的催化作用下进行，酿造业、制药业等都要用催化剂催化。

2.7 生物化工主要产品和应用

2.7.1 什么是生物化工？

生物化工是生物工程领域的重要组成部分，是化学工程的一个前沿分支，它运用生物工程和化学工程的原理和方法，研究解决有生物体或生物活性物质参与的生产过程即生物反应过程中的基础理论及工程技术问题。生物化学转化主要指以发酵生物酶技术为主，它作为生物化学、微生物学及化学工程学之间的边缘学科，是生物技术中将近代生物学的成就转变成生产力所必不可少的重要组成部分。

2.7.2 生物化工产品是怎么分类的?

生物化工产品按产品性质可分为：

①大宗化工产品，如乙醇、丙酮、正丁醇、甘油、柠檬酸、乳酸、葡萄糖酸等；

②精细化工产品，如各种氨基酸、酶制剂、核酸产品等；

③医药产品，如各种甾体、常规菌苗、疫苗等；

④其他产品，如生物农药、食用及药用酵母、饲料蛋白（单细胞蛋白）、沼气等；

⑤现代生物技术产品，即通过微生物培养等方法生产的产品，如干扰素、单克隆抗体、新型疫苗等。

2.7.3 生物化工产品有哪些主要用途?

（1）制药领域

目前有60%以上的生物技术成果集中应用于制药工业，使生物制药成为最活跃、进展最快的产业之一。生物制药是一种知识密集、技术含量高、多学科高度综合、互相渗透的新兴产业。它的应用扩大了疑难病症的研究领域，使威胁人类生命健康的重病得以有效控制，从而极大地改善了人们的健康水平。

（2）农业领域

农业生物技术：运用基因工程、发酵工程、细胞工程、酶工程以及分子育种等生物技术，改良动植物及微生物品种生产性状、培育动植物及微生物新品种、生产生物农药、兽药与疫苗的新技术。

生物农药：利用微生物本身或代谢物防治虫、草等的制剂，包括农用抗生素、细菌农药、真菌农药和病毒农药，具有选择性高、易于降解、用量少、污染小、对人畜毒性小、保护环境、病虫害不易产生抗性等优点。

（3）精细化工领域

目前生物技术已在精细化工的多个领域开发成功，如食品添加剂、香精和香料、水处理剂、表面活性剂、饲料添加剂、医药中间体等，可替代原有的化学合成精细产品，有益于人体的健康，保护了环境。

（4）生物石油化工领域

生物技术与石油化工结合形成生物石油化工。利用生物技术，特别是酶工程和发酵工程技术，开发利用石油、天然气资源。在石油炼制中，生物技术可用于石油的脱蜡、脱硫和脱氮等精制过程。利用生物技术，开发以石油为原料的化工产品，可以改变反应条件，变高温高压为常温常压，使生产安全，降低成本及能耗，简化工艺流程，减少污染，提高产品质量。如生物法丙烯酰胺，可进一步生产聚丙烯酰胺，用于油田驱油剂等。

2.7.4 什么是生物功能大分子？

生物功能大分子指的是作为生物体内主要活性成分的各种分子量达到上万或更多的有机分子。常见的生物大分子包括蛋白质、核酸、脂类、生物膜和多糖。

蛋白质是细胞生命活动的主要承担者，基本单位是氨基酸，组成元素有C（碳）、H（氢）、O（氧）、N（氮），少量蛋白质含有P（磷）、S（硫）等元素。

核酸是生物体内遗传物质，包括脱氧核酸和核糖核酸两种，基本单位分别是脱氧核苷酸和核糖核苷酸，组成元素为C、H、O、N、P。

脂类是细胞内的一种生物大分子，包括脂肪、磷脂和固醇三种，其中脂肪是细胞内的主要储能物质，磷脂是生物膜的重要组成成分，固醇包括胆固醇、性激素和维生素D三种。

糖类是细胞内的主要能源物质，根据是否能水解分为单糖、二糖和多糖。其中单糖是不能再水解的糖，包括葡萄糖、果糖、核糖、脱氧核糖等，均为还原性糖；二糖是可以水解成两个单糖的糖，包括蔗糖、麦芽糖、乳糖等；多糖是由单体葡萄糖脱水缩合形成的多聚体，常见的多糖有淀粉、纤维素和糖原等。

2.7.5 什么是微生物工程?

微生物工程一般指发酵工程。是指采用现代工程技术手段，利用微生物的某些特定功能，为人类生产有用的产品，或直接把微生物应用于工业生产过程的一种技术。人们熟知的利用酵菌发酵制造啤酒、果酒、白酒，乳酸菌发酵制造奶酪和酸奶，利用真菌大规模生产青霉素等都是这方面的典型案例。

20世纪20年代的酒精、甘油和丙酮等发酵工程，属于厌氧发酵。40年代初，随着青霉素的发现，抗生素发酵工业逐渐兴起。由于青霉素产生菌是需氧型的，微生物学家就在厌氧发酵技术的基础上，成功地引进了通气搅拌和一整套无菌技术，建立了深层通气发酵技术，大大促进了发酵工业的发展，使有机酸、维生素、激素等都可以用发酵法大规模生产。

1957年，日本用微生物生产谷氨酸成功，如今20种氨基酸都可以用发酵法生产。氨基酸发酵工业的发展，是建立在代谢控制发酵新技术的基础上的。科学家在深入研究微生物代谢途径的基础上，通过对微生物进行人工诱变，先得到适合于生产某种产品的突变类型，再在人工控制的条件下培养，就大量产生人们所需要的物质。目前，代谢控制发酵技术已经用于核苷酸、有机酸和部分抗生素等的生产中。

80年代以来，随着学科之间的不断交叉和渗透，微生物学家开始用数学、动力学、化工工程原理、计算机技术对发酵过程进行综合研究，使得对发酵过程的控制更为合理。在一些国家，已经能够自动记录和自动控制发酵过程的全部参数，明显提高了生产效率。

小故事：挽救细菌感染者的天使——青霉素

曾有一部电影讲述抗日战争期间，为争夺2箱青霉素(盘尼西林)，中共地下党人与日伪军展开的一场殊死较量。现在一定有很多人会发出这样的疑问：普普通通的青霉素，有那么重要吗?

正是青霉素的出现，才使得众多病菌感染者特别是战场上的无数伤兵，摆脱了之前“听天由命”的凄惨处境，青霉素的发明和使用是在二战时期迅速扭转盟国战局的功臣之一。它使人类找到了一种具有强大杀菌作用的药物，结束了传染病几乎无法治疗的时代。从此，人类进入了合成新药的新时代。

青霉素的发明者弗莱明、钱恩和弗洛里共同获得了1945年诺贝尔生理学和医学奖。

2.7.6 什么是生物酶？它在生物化工中起什么作用？

生物酶是由活细胞产生的具有催化作用的有机物，大部分是蛋白质。像其他蛋白质一样，酶分子由氨基酸链组成，它具有特殊的催化功能，酶催化可以在较温和的常温、常压下进行，如胃蛋白酶在胃液酸性条件下发生作用。

生物酶可在食品、纺织等诸多领域应用。如酱油的酿造就是利用米曲霉分泌的蛋白酶分解原料中的蛋白质，使其降解为胨、多肽、氨基酸等，生成色、香、味于一体的产品。

2.7.7 什么是生物制剂？它有哪些主要用途？

生物制剂指以各类具有医研价值的碳基生物为原料，利用传统技术或现代生物技术制造，用于人体各类生理症状的预防（保健）、治疗和诊断的各种形态制剂。

从概念上来讲生物制剂分为以预防疾病和增强体质免疫力达到保健效果的保健品制剂和以达到治疗疾病为目的的医药品制剂两类。

最早的医药品制剂产生于1982年，就是胰岛素。另外，广泛使用的疫苗也属于医药品制剂。

保健品制剂包括像葡萄糖酸钙口服溶液，乳酸钙、乳酸锌、维生素D等。

小故事：20世纪重大发明——胰岛素

在19世纪以前，糖尿病是一种致命的疾病，患者经常在饱受极度的饥渴之后，死于营养不良。“糖尿病”这个名字就源于患者尿中含有高糖。但那时人们对真正的病因并不清楚。

1889年，梅宁和明考斯基发现糖尿病是由胰腺功能失调、胰腺的分泌物缺乏所引起的。1901年，美国病理学家尤金·奥佩研究了胰腺分泌的神秘物质，这种物质最终被命名为“胰岛素”。直到20世纪20年代，时任加拿大多伦多大学医学院教师的班廷，在糖类代谢专家麦克劳德的协助下，第一次从狗的胰腺中提取了胰岛素。1923年，胰岛素开始大批量生产。实验室提取法以惊人的速度转为商业化生产工艺，并迅速扩展到全球，使以往致命的病魔不再可怕。因此，班廷和麦克劳德于同年荣获诺贝尔奖。

由于糖尿病患者的数量持续增加，对胰岛素的需求也与日俱增。如何用化学方法合成胰岛素，以替代从数百万动物的胰腺中分离的方法，已成为各国科学家探求的目标。50年代中期，弗雷德里克·桑格终于发现了胰岛素的结构，由于这一发现，他于1958年获得了诺贝尔奖。

中国科学家在这一领域取得了骄人的成绩。新中国诞生之初，生物学家便开始对人工合成胰岛素进行集体攻关，并于1963年在世界上首次成功获得人工合成胰岛素，用于糖尿病患者的医治，造福于人类生命健康。

2.7.8 什么是生物质化工？它有哪些主要产品？

以生物质为原料发展起来的化学工业，称为生物质化工。

生物质化工产品包括淀粉基精细化学品（环糊精、酯化淀粉、醚化淀粉、氧化淀粉等）；糖基精细化学品（烷基多苷、*N*-烷基葡糖酰胺、蔗糖酯、失水山梨醇脂肪酸酯及乙氧基化物）；纤维素基精细化学品（乙酸纤维素、羟乙基纤维素、羧甲基纤维素、微晶纤维素等）；木质素基精细化学品（碱木素、工业木质素等）；生物质塑料（淀粉塑料、大豆蛋白塑料、聚乳酸、聚羟基脂肪酸酯等）；生物燃料（燃料乙醇、生物柴油等）；甲壳素衍生物（壳聚糖等）；油脂基精细化学品（α-磺基脂肪酸甲酯、螯合性表面活性剂等）。

2.7.9 什么是生物燃料？它主要应用在哪些领域？

生物燃料泛指由生物质加工而成的固体、液体或气体燃料，可以替代由石油制取的汽油、煤油和柴油，是可再生能源开发利用的重要方向。

主要应用领域包括：

①生物乙醇：可以应用于汽车，汽油引擎无需改进便可以燃用15%以下比例的乙醇汽油，经过改进后可以燃用任何比例的乙醇汽油。

②生物柴油：具有环保性能好、发动机启动性能好、燃料性能好，原料来源广泛、可再生等特性，可用于各种类型柴油机、拖拉机。

③生物丁醇：与汽油混合时对杂质水的宽容度大，腐蚀性较小，与现有的生物燃料相比，能够与汽油达到更高的混合比。

④生物航煤：以多种动植物油脂为原料，采用自主研发的加氢技术、催化剂体系和工艺技术生产。

2015年3月21日，加注中国石化1号生物航空煤油的海南航空HU7604航班波音737-800型客机，搭载156名乘客和8名机组人员于8:20从上海虹桥机场起飞，经过两个半小时的飞行后，于10:50平稳降落在北京国际机场，标志着中国

▲ 中国自主研发生产的1号生物航煤首次商业载客飞行取得圆满成功

自主研发生产的1号生物航煤首次商业载客飞行取得圆满成功。至此，中国成为世界少数几个拥有生物航煤自主研发生产技术并成功商业化的国家，中国石化成为国内首家拥有生物航煤自主研发生产技术并成功投入商业化应用的企业，填补了国内空白。

2.7.10 什么是生物肥料?

狭义的生物肥料，也被称为微生物肥料，是指对农业有益并且通过生物发酵生产的生物制剂，它本身不含营养元素，不能代替化肥，这一类维生素肥料的代表品种是根瘤肥料。广义的生物肥料是既含有微生物的制品，又含有作物所需的营养元素，是生物、有机、无机化合物的结合体；它可以代替化肥，提供农作物生长发育所需的各类营养元素，如秸秆腐熟剂和畜禽粪便、有机垃圾发酵剂。生物肥料与化学肥料、有机肥料一样，是农业生产中的重要肥源。

金正大正在生产、推广“亲土种植”。“亲土一号”生物肥料不仅有缓控释功效，而且通过微生物、水溶性等功能分解、蚕食土壤中残留的钙、镁、磷等离子，激活有效养分，恢复土壤活力，促进作物丰产提质。

2.8 化工新材料主要产品和应用

2.8.1 什么是化工新材料？它包括哪些材料？

▲ 可降解树脂（赵思源 / 摄）

化工新材料是指那些新近发展的具有比传统合成材料的性能更为优异的一类化工材料。主要包括特种合成橡胶、工程塑料、高性能纤维、氟硅有机材料、特种涂料、超细粉体材料、高性能碳材料（石墨烯、碳纳米管等）、微电子化工材料、电化学能源及储能新材料、生物相容医学材料、可降解材料、功能性膜材料、功能高分子材料及复合材料。化工新材料是化学工业的一个重要分支，也是当前最具活力和发展潜力的领域。

2.8.2 什么是纳米材料？它有什么重要用途？

纳米材料是纳米尺度结构材料的简称，其结构单元的尺寸介于1～100纳米范围之间的颗粒。由于其具有大比表面的特殊性，因此其所表现的性能会有极大的不同，例如在熔点、磁性、光学、导热、导电特性等，往往不同于该物质在整体状态时所表现的性质。

纳米材料的用途很广，例如在医药方面纳米材料粒子将使药物在人体内的传输更为方便，用数层纳米粒子包裹的智能药物进入人体后可主动搜索并攻击癌细胞或修补损伤组织；使用纳米技术的新型诊断仪器只需检测少量血液，就能通过其中的蛋白质和DNA诊断出各种疾病；家电材料中使用纳米材料后可具有抗菌、除味、防腐、抗老化、抗紫外线等功能；电子行业采用纳米材料后，计算机缩小成为“掌上电脑”；环保产业中功能独特的纳米膜能够过滤化学和生物制剂废物，从而消除污染；纺织行业中在合成纤维树脂中添加纳米二氧化硅（SiO_2）、纳米氧化锌（ZnO）等复配粉体材料后，可制成杀菌、防霉、除臭和抗紫外线辐射的功能面料，用于不同需要的服装生产；机械制造行业中采用纳米材料技术可以提高机械设备的耐磨性、硬度和使用寿命。

2.8.3 什么是有机硅材料?

有机硅材料指是人工合成的，结构上以硅原子和氧原子为主链的一种高分子聚合物。这种材料兼具有机和无机特性，具有突出的耐温性能、耐候性能、电气性能、生理惰性、表面性能、低可燃性等优异性能，特别是在高温及低温下的物理、力学性能稳定，对热、氧环境影响极不敏感，因而有机硅高聚物可在-60摄氏度到250摄氏度这个温度区域内长期使用，有些甚至能在低至-100摄氏度下正常使用。有机硅材料可分为：硅烷偶联剂（化学试剂）、硅油、硅橡胶、硅树脂、复合物等。

有机硅材料已广泛应用于航空航天、电子电气、建筑、运输、化工、纺织、食品、轻工、医疗等行业，是多个领域不可或缺或不可替代的高性能材料，已经成为化工新材料领域独树一帜的重要新型产业，其中室温硫化硅橡胶（硅酮胶）广泛用作粘合剂、密封剂，如建筑的玻璃幕墙粘合，装修的浴卫密封等，用量较大。人类留存月球上的第一个脚印就是有机硅鞋底留下的。

2.8.4 什么是含氟聚合物材料？它有哪些重要用途?

含氟聚合物材料是指化学结构中含有氟原子的聚合物材料，是一种非常重要的化工新型材料，主要包括氟树脂、氟橡胶、氟涂料等。有机氟材料具有优异的耐候性、耐腐蚀性、耐热性、耐久性和耐化学品性。其应用覆盖原子能、军工、民用产业等多个领域，如应用于极端恶劣环境中的化工设备、海上平台、大型船舶的防护、密封等，在新一代信息技术产业、高档数控机床、机器人、新能源汽车、电力设备、农机设备、生物医药和高性能医疗器械等制造领域都离不开含氟聚合物的参与。氟橡胶用于许多精密仪器的密封，氟涂料用于高档室外建筑、飞机等方面。

2.8.5 什么是碳纤维？它主要应用在哪些地方？

碳纤维通常是指含碳元素质量在90%以上的纤维状材料。目前主流品种的碳纤维为聚丙烯腈基碳纤维。一般可分为高强型、高强中模型、高模型和高模高强型四个系列。碳纤维质量比金属铝还轻，强度却高于钢铁且耐腐蚀，柔软而强抗拉力高，在使用时一般和其他树脂一起做成预浸件，也可以作为增强材料加入到树脂、金属、陶瓷、混凝土等材料中，制成复合材料。例如与高分子合成材料经过共混、模塑、缠绕涂覆或浸渍工艺制成高性能高分子复合材料。碳纤维在国防、工业、民用等多个领域被使用，如飞机结构件、火箭外壳、机动船体、工业机器人、风力发电叶片、电磁屏蔽除电材料、汽车板簧和驱动轴、人工韧带等身体代用材料。另外像自行车、羽毛球拍、网球拍、鱼竿等体育休闲用品也得益于碳纤维材料。我国走向深蓝的航母之所以获得快速发展，与中国化工人在碳纤维领域取得技术突破有着密切关系。

▲用碳纤维制作的球杆（张颖 / 摄）

2.8.6 什么是复合材料？

复合材料是由物理或化学性质不同的有机高分子、金属或无机非金属等两种或两种以上材料经一定的复合工艺制造出来的一种新型材料。

2.8.7 什么是高性能复合材料？

高性能复合材料是指高性能增强材料与高性能树脂等基体复合成力学性能和耐热性均显著提高的复合材料。一般具有拉伸强度高、模量高、耐热性好、密度小、抗腐蚀、耐损伤、成型方便等特点。例如用碳纤维、芳纶等高强纤维作为增强材料，以环氧树脂或双马来酰亚胺树脂作为基体材料进行复合。

2.8.8 复合材料有哪些重要用途？

复合材料主要用于替代金属材料的航空航天器结构件制造。作为替代金属轻量化的首选材料，高性能复合材料越来越多地应用于航空航天、汽车、电子电气、建筑、体育健身器材等领域。

2.8.9 什么是膜分离？

膜分离是指利用渗透原理分离混合物的方法，利用膜的选择性分离实现料液中不同组分的分离、纯化或浓缩。膜分离与传统过滤的不同在于，膜可以在分子或离子范围内进行分离，并且这过程是一种物理过程，不需发生相的变化和添加助剂。

2.8.10 分离膜是如何分类的？

分离膜种类繁多，按结构和用途可分为微孔滤膜、超滤膜、反渗透膜、电渗析膜、液膜等。按材质可分为聚砜膜、聚四氟乙烯膜、乙酸纤维素膜、硝化纤维素膜、尼龙膜、聚丙烯腈膜、聚乙烯醇膜、聚苯醚膜、金属膜、陶瓷膜等，甚至目前已经制备出了分子筛膜。膜的形式可以是固态的，也可以是液态的，甚至可以是气态的。

2.8.11 分离膜的应用领域有哪些？

目前分离膜主要应用领域为海水淡化、生活及工业废水污水处理、工业尾气净化等。实际上在纺织、化工、电力、食品、冶金、石油、新能源、生物、制药、发酵等多个领域都有应用，特别在某些反应分离环节。

2.8.12 新能源动力电池主要有哪些新材料？

目前新能源动力电池主要有锂离子动力电池和氢燃料电池。

锂离子动力电池的关键材料包括正极材料、负极材料、电解质材料以及隔膜材料。正极材料主要有三元材料、锰酸锂和磷酸铁锂。负极材料分为碳材料和非碳材料两大类；碳材料又分为石墨和无定形碳；非碳负极材料包括氮化物、合金材料等。目前应用最广泛的负极材料是石墨，以天然石墨和人造石墨为主，可逆容量能达到360毫安时/克。商品化的锂离子电池主要使用的是液态有机电解质和凝胶型聚合物电解质，有机电解液主要由有机溶剂（碳酸酯）和锂盐（六氟磷酸锂等）组成。锂离子电池隔膜材料主要分为四类：聚烯烃微孔膜、无纺布隔膜、聚合物/无机复合隔膜和凝胶聚合物电解质膜。商品化隔膜主要为以聚乙烯（PE）、聚丙烯（PP）、PP/PE/PP三层复合膜为代表的聚烯烃微孔膜，由于其具有成本低廉、化学和电化学稳定性好等优点，得到广泛应用。

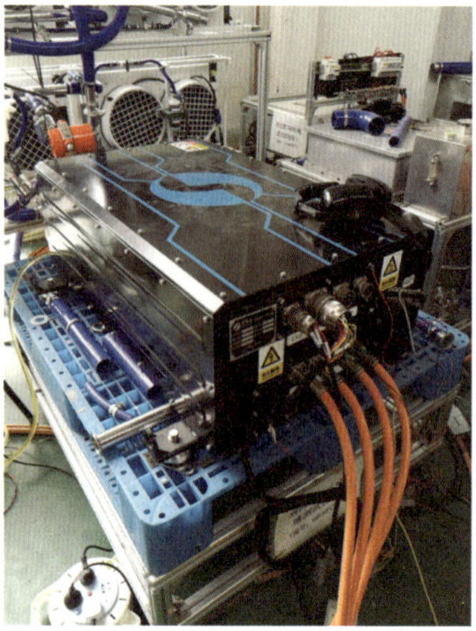

▲氢燃料电池组件（张颖/摄）

氢燃料电池材料主要有膜电极材料、双极板材料、储氢材料等等。膜电极材料包括多孔碳纸或碳布、全氟磺酸型质子交换膜和Pt/C催化剂，其中全氟磺酸树脂（PFSA）已经实现商业化，在燃料电池电堆中拥有最广泛应用。

▲以氢燃料电池为动力的新能源客车

2.8.13 什么是3D打印技术？它有什么重要用途？

3D打印技术是一种以数字模型文件为基础，运用粉末状金属或塑料等可粘合材料，通过逐层打印的方式来构造三维物体的技术。3D打印由于是将材料逐步增加堆集上去，因此又称为增材制造。可以用于复杂结构的模型

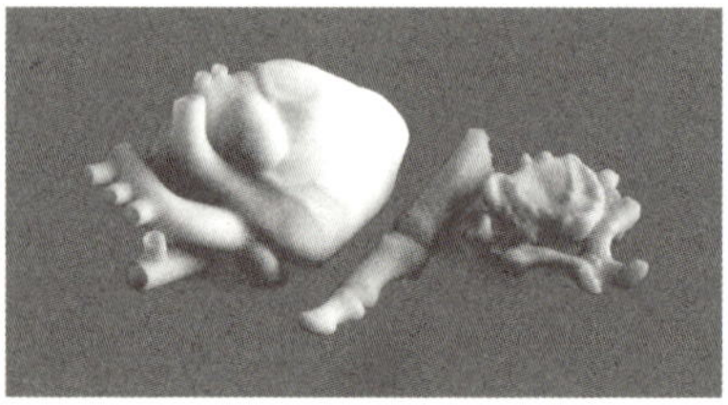

▲高性能3D材料

制造和零部件生产。目前在汽车、航空航天、教育、地理信息系统、土木工程、军工和医疗产业、展览展示等领域都有着越来越多的应用。

2.8.14 什么是电子化学品？它有哪些主要用途？

电子化学品是指专为电子工业配套的精细化工产品。例如微细加工用光刻胶、超净超纯试剂、电子特种气体、电子封装材料、硅片的抛磨光材料、印刷线路板专用化工材料、显示器用化学品、电子用特种合成材料、电子粘结材料和胶粘带、电子特种涂料、导电浆料、新型电源专用化学品等。

电子化学品主要用于生产集成电路和分立器件、电容、电池、电阻、光电子器件、印制线路板、液晶显示器件、电视机、计算机、录摄像机、激光唱盘、音响、移动通讯设备、传真机等电子元器件、零部件和整机生产与组装用各种精细化工材料等。

电子化学材料及下游元器件是电子信息产业的基础与先导材料，处于电子信息产业链的前端，是信息通讯、消费电子、家用电器、汽车电子、节能照明、工业控制、航空航天、军工等领域终端产品发展的重要支撑。

2.8.15 什么是特种涂料？它有哪些主要用途？

特种涂料是指除了具有传统装饰防护作用以外，还具有特殊的性能，应用于特殊场合，满足多种特定需求的新型涂料。这些特殊性能可以包括雷达隐身，电磁屏蔽、低阻尼、耐高温、消音消光、防强酸强碱、防冰防霜、夜光、耐特殊油脂、防海洋生物附着等。特种涂料多应用于国防工业、航天航空、舰船航海、电子电工、仪器仪表、化工设备、能源工业、环境保护、建筑、体育休闲等行业，还能用于保护壁画或文物等。

特种涂料在航母上广泛使用，如防止海洋附着生物污损保障航速的防污涂料；增强摩擦力确保飞机安全起降的防滑甲板漆等。

2.8.16 能将太阳能直接转换成电能的材料是什么？

光伏材料又称太阳电池材料，是指能将太阳能直接转换成电能的材料。可做太阳电池材料的有单晶硅、多晶硅、非晶硅、砷化镓（GaAs）等。能将太阳能转换成电能目前主要有晶硅光伏电池（目前占主导地位）和薄膜光伏电池（碲化镉、铜铟镓硒等），另外有光热（集热）、太阳能发电。目前致力于降低材料成本和提高转换效率，使太阳能电池的电力价格与火力发电的电力价格竞争，从而为更广泛更大规模应用创造条件。

光伏材料能产生电流是因为光生伏特效应，即如果光线照射在太阳能电池上并且光在界面层被吸收，具有足够能量的光子能够在P型硅和N型硅中将电子从共价键中激发，以致产生电子-空穴对。此时可在硅片的两边加上电极并接入电压表。通过光照在界面层产生的电子-空穴对越多，电流越大。界面层吸收的光能越多，界面层即电池面积越大，在太阳能电池中形成的电流也越大。

▲光伏材料（张颖/摄）

CHAPTER 3

第 3 篇

化工的风险和防控

3.1 化工的风险

3.1.1 化工的风险有哪些？

化工产品的生产，我们称之为流程工业，大部分情况下原料、中间体到成品都在密闭的设备中运行，不暴露在大气中。同时，现代化工企业在安全生产和环境保护方面，有一系列国家法律法规和企业规章制度的保障；生产装置的控制上，有严格的报警、切断、停车等自动化手段。但是很多化学品都具有易燃易爆、有毒有害等危险性，同时工艺过程复杂多样，高温、高压、深冷等因素很多，仍然存在违章操作、设备老化等引起事故的因素。化工企业主要风险是燃烧、爆炸、中毒窒息、化学腐蚀、环境污染、接触有毒物质、高温、冻伤等。

3.1.2 什么是危险化学品？

《危险化学品安全管理条例》中规定，危险化学品是指具有毒害、腐蚀、爆炸、燃烧、助燃等性质，对人体、设施、环境具有危害的剧毒化学品和其他化学品。

▲《危险化学品安全技术大典》由中国石化出版社出版

3.1.3 危险化学品分为哪几类?

《化学品分类和危险性的公示通则》（GB 13690—2009）根据理化危险将危险化学品分为16类：爆炸物、易燃气体、易燃气溶胶、氧化性气体、压力下气体、易燃液体、易燃固体、自反应物质或混合物、自燃液体、自燃固体、自热物质和混合物、遇水放出易燃气体的物质或混合物、氧化性液体、氧化性固体、有机过氧化物、金属腐蚀剂。

3.1.4 对于危险化学品管理我国有哪些标准和相关规定?

《危险化学品安全管理条例》(国务院令第591号 2002年1月发布 2013年12月修正)

《危险化学品重大危险源监督管理暂行规定》2015年修订

《危险化学品输送管道安全管理规定》2015年修订

《危险化学品名录》(2015版)

《易制毒化学品管理条例》(国务院令第445号 2005年8月发布 2016年第二次修订)

《剧毒化学品购销和运输管理办法》(公安部令第87号 2006年10月1日实施)

《化工和危险化学品生产经营单位重大生产安全事故隐患判定标准(试行)》(安监总管三〔2017〕121号)

《常用化学危险品贮存通则》(GB 15603—1995)

《危险化学品重大危险源辨识》(GB 18218—2009)

《易燃易爆性商品储藏养护技术条件》(GB 17914—2013)

《腐蚀性商品储藏养护技术条件》(GB 17915—2013)

《化学品分类和危险性的公示通则》(GB 13690—2009)

《石油化工静电接地设计规范》SH/T 3097—2017

《石油化工企业设计防火规范》(GB 50160—2015)

《化学品安全技术说明书内容和项目顺序》(GB 16483—2008)

《危险化学品建设项目安全设施设计专篇编制导则》(2013)

3.1.5 危险化学品的贮存方式有哪些?

根据《常用化学危险品贮存通则》(GB15603—1995)的规定,危险化学品贮存方式有三种:隔离贮存、隔开贮存、分离贮存。

隔离贮存:在同一房间或同一区域内,不同物料之间分开一定距离,非禁忌物料间用通道保持空间的贮存方式。

▲沈煜 / 提供

隔开贮存：在同一建筑物或同一区域内，用隔板或墙，将其与禁忌物分离开的贮存方式。

分离贮存：在不同的建筑物或远离所有建筑的外部区域内的贮存方式。

3.1.6 国家重点监管的危险化学品有哪些?

国家重点监管的危险化学品

序号	化学品名称	别 名	序号	化学品名称	别 名
1	氯	液氯、氯气	16	乙炔	电石气
2	氨	液氨、氨气	17	氟化氢、氢氟酸	
3	液化石油气		18	氯乙烯	
4	硫化氢		19	甲苯	甲基苯、苯基甲烷
5	甲烷、天然气		20	氰化氢、氢氰酸	
6	原油		21	乙烯	
7	汽油（含甲醇汽油、乙醇汽油）、石脑油		22	三氯化磷	
8	氢	氢气	23	硝基苯	
9	苯（含粗苯）		24	苯乙烯	
10	碳酰氯	光气	25	环氧丙烷	
11	二氧化硫		26	一氯甲烷	
12	一氧化碳		27	1，3-丁二烯	
13	甲醇	木醇、木精	28	硫酸二甲酯	
14	丙烯腈	氰基乙烯、乙烯基氰	29	氰化钠	
15	环氧乙烷	氧化乙烯	30	1-丙烯、丙烯	

续表

序号	化学品名称	别　名	序号	化学品名称	别　名
31	苯胺		53	丙烯酸	
32	甲醚		54	硝酸铵	
33	丙烯醛、2–丙烯醛		55	三氧化硫	硫酸酐
34	氯苯		56	三氯甲烷	氯仿
35	乙酸乙烯酯		57	甲基肼	
36	二甲胺		58	一甲胺	
37	苯酚	石炭酸	59	乙醛	
38	四氯化钛		60	氯甲酸三氯甲酯	双光气
39	甲苯二异氰酸酯	TDI	61	氯酸钠	白药钠
40	过氧乙酸	过乙酸、过醋酸	62	氯酸钾	白药粉、盐卜、洋硝
41	六氯环戊二烯		63	过氧化甲乙酮	白水
42	二硫化碳		64	过氧化（二）苯甲酰	
43	乙烷		65	硝化纤维素	硝化棉
44	环氧氯丙烷	3–氯–1，2–环氧丙烷	66	硝酸胍	
45	丙酮氰醇	2–甲基–2–羟基丙腈	67	高氯酸铵	
46	磷化氢	膦	68	过氧化苯甲酸叔丁酯	
47	氯甲基甲醚		69	*N*，*N*′–二亚硝基五亚甲基四胺	
48	三氟化硼		70	硝基胍	
49	烯丙胺	3–氨基丙烯	71	2，2′–偶氮二异丁腈	
50	异氰酸甲酯	甲基异氰酸酯	72	2，2′–偶氮–二–（2，4–二甲基戊腈）	偶氮二异庚腈
51	甲基叔丁基醚		73	硝化甘油	
52	乙酸乙酯		74	乙醚	

3.1.7 国家重点监管的危险工艺有哪些?

国家安全监管总局（现已更名中华人民共和国应急管理部）已公布首批和第二批重点监管的危险工艺是：光气及光气化工艺、电解工艺（氯碱）、氯化工艺、硝化工艺、合成氨工艺、裂解（裂化）工艺、氟化工艺、加氢工艺、重氮化工艺、氧化工艺、过氧化工艺、胺基化工艺、磺化工艺、聚合工艺、烷基化工艺、新型煤化工工艺、电石生产工艺、偶氮化工艺等。

3.1.8 什么是化学品安全标签?

化学品安全标签是指化学品在市场上流通时由生产销售单位提供的附在化学品包装上的标签，是向作业人员传递安全信息的一种载体，它用简单、易于理解的文字和图形表述有关化学品的危险特性及其安全处置的注意事项，警示作业人员进行安全操作和处置。

3.1.9 安全标签的主要内容有哪些?

安全标签的主要内容有：

（1）化学品标识；

（2）象形图；

（3）信号词；

（4）危险性说明；

（5）防范说明；

（6）供应商标识；

（7）资料参阅提示语。

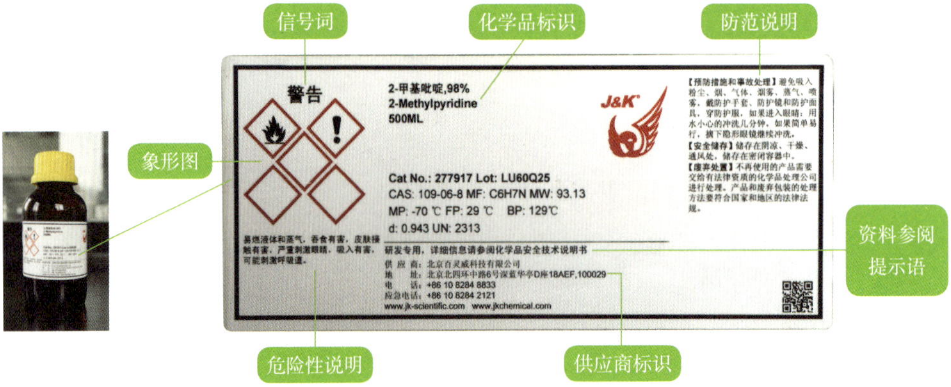

▲赵思源摄

3.1.10 什么是化学品安全技术说明书？它有何作用？主要内容有哪些？

化学品安全技术说明书是一份关于危险化学品燃爆、毒性和环境危害以及安全使用、泄漏应急处置、主要理化参数、法律法规等方面信息的综合性文件。

化学品安全技术说明书的主要作用有以下五点：

第一，它是化学品安全生产、安全流通、安全使用的指导性文件；

第二，它是应急作业人员进行应急作业的技术指南；

第三，它为制订危险化学品安全操作规程提供技术信息；

第四，它是化学品登记管理的重要基础和手段；

第五，它是企业进行安全教育的重要内容。

报告编号.

企业名称
安全技术说明书　　SDS
中文品名

第一部分　化学品及企业标识
第二部分　危险性概述
第三部分　成分 / 组成信息
第四部分　急救措施
第五部分　消防措施
第六部分　泄露应急处理
第七部分　操作处理与储存
第八部分　接触控制 / 个体防护
第九部分　理化特性
第十部分　稳定性与应活性
第十一部分　毒理学资料
第十二部分　生态学资料
第十三部分　废弃处理
第十四部分　运输信息
第十五部分　法规信息
第十六部分　其他信息

▲化学品安全技术说明书由 16 部分内容组成

3.2 国内外典型案例解析

3.2.1 引起天津港爆炸的直接原因是什么？

2015年8月12日晚11时20分，天津港国际物流中心区域内瑞海公司所属危险品仓库发生爆炸，数公里外可见蘑菇云。经爆炸科学与技术国家重点实验室模拟计算得出，第一次爆炸的能量约为15吨TNT当量，第二次爆炸的能量约为430吨TNT当量。危险品仓库爆炸的威力如此巨大，令人震惊！

2016年2月5日，国家安监总局网站公布了《天津港“8·12”瑞海公司危险品仓库特别重大火灾爆炸事故调查报告》（以下简称《调查报告》）。经国务院调查组调查认定，天津港“8·12”瑞海公司危险品仓库火灾爆炸事故是一起特别重大生产安全责任事故。事故造成165人遇难（其中参与救援处置的公安消防人员110人，事故企业、周边企业员工和周边居民55人）、8人失踪（其中天津港消防人员5人，周边企业员工、天津港消防人员家属3人），798人受伤（伤情重及较重的伤员58人、轻伤员740人；304幢建筑物、12428辆商品汽车、7533个集装箱受损。截至2015年12月10日，事故调查组依据《企业职工伤亡事故经济损失统计标准》（GB 6721—1986）等标准和规定统计，核定直接经济损失68.66亿元人民币。

▲国际化学品安全卡

根据《调查报告》，事故发生前，瑞海公司危险品仓库内共储存危险货物7大类、111种，共计11000多吨。其中，运抵区（“待申报装船出口货物运抵区”的简称，属于海关监管场所，用金属栅栏与外界隔离。由经营企业申请设立，海关批准，主要用于出口集装箱货物的运抵和报关监管）内共储存危险货物72种，4840.42吨，包括硝酸铵800吨，氰化钠360吨，硝化棉、硝化棉溶液及硝基漆片48.17吨。《调查报告》最终认定事故直接原因是：瑞海公司危险品仓库运抵区南侧集装箱内的硝化棉由于湿润剂散失出现局部干燥，在高温（天气）等因素的作用下加速分解放热，积热自燃，引起相邻集装箱内的硝化棉和其他危险化学品长时间大面积燃烧，导致堆放于运抵区的硝酸铵等危险化学品发生爆炸。

3.2.2 美国乔治亚州BP-阿莫科聚合物工厂爆炸原因是什么?

2001年3月13日，美国乔治亚州奥古斯塔BP-阿莫科聚合物工厂（以下简称奥古斯塔工厂）发生一起爆炸事故，并引发大火，造成3名工人当场死亡。

当时，奥古斯塔的3名工人正在打开装有热熔塑料工艺储槽的端盖，他们并不知道储槽内是有压力的，部分螺栓被拆掉的端盖突然迸发并喷出热熔塑料导致工人的死亡，喷射出的能量造成邻近的管线断裂，管线内流出的热液体被引燃，酿成火灾。

事故原因：

（1）作为生产工艺的开发者，没有提供明确的系统化的程序来鉴别和控制化学反应的危险。

（2）奥古斯塔工厂没有实施为改正设计缺陷而进行的全面审查过程。

（3）奥古斯塔工厂的事故和未遂调查系统没有充分地鉴别出原因或相关的危险，而若想改进导致事故重复发生的系统设计上和操作上的缺陷却需要这些信息。

3.2.3 印度博帕尔毒气泄漏发生的原因是什么?

1984年12月3日凌晨，位于印度中央联邦首府博帕尔的美国联合碳化公司（UCC）农药厂发生毒气泄漏事故。有近40吨剧毒的甲基异氰酸酯（MIC）及其反应物在2小时内冲向天空，顺着7.4千米/小时的西北风向东南方向飘荡，霎时间毒气弥漫，覆盖了相当部分市区（约64.7平方千米）。高温且密度大于空气的MIC蒸气，在当时17摄氏度的大气中，迅速凝聚成毒雾，贴近地面层飘移，许多人在睡梦中就离开了人世。而更多的人被毒气熏呛后惊醒，涌上街头，人们被这骤然降临的灾难弄得晕头转向，不知所措。博帕尔市顿时变成了一座恐怖之城。一座座房屋完好无损，满街遍野是人、畜和飞鸟的尸体，惨不忍睹。据统计本次事故共死亡3500多人，经济损失高达近百亿美元，震惊整个世界。

甲基异氰酸酯是无色、易挥发、易燃烧的液体，相对分子质量57，沸点为39.1摄氏度，20摄氏度时的蒸气压为46.4kPa。蒸气密度比空气重1倍。它是生产氨基甲酸酯农药西维因的主要原料。

事故原因：

610号贮罐进入大量的水（残留物实验分析表明进入水量为450~900千克）和产品中氯仿含量过高。12月2日当用氮气将MIC从610号贮罐传送至反应罐时没有成功，部门负责人命令工人对管道进行清洗。按安全操作规程要求，应把清洗的管道和系统隔开，在阀门附近插上盲板，但实际作业时并没有插上盲板。水进入610号贮罐后与MIC反应产生二氧化碳和热量，加速水与MIC之间反应。使MIC蒸发加剧，蒸气压上升，产生的二氧化碳也使压力上升。故这类异常反应随后愈演愈烈，导致罐内压力直线上升，温度急骤增高，造成泄漏事故发生。

造成这次惨重灾难事故也是有多种因素的：

（1）厂址选择不当。建厂时未严格按工业企业设计卫生标准要求，没有足够的卫生防护距离。

（2）当局和工厂对MIC的毒害作用缺乏认识，发生重大的泄漏事故后，没有应急救援和疏散计划。

（3）工厂的防护检测设施差，仅有一套安全装置，由于管理不善，而未处于应急状态之中，事故发生后不能启动。

（4）管理混乱。该厂自1978年至1983年先后曾发生过6起中毒事故，造成死亡1人，48人中毒。这些事故却未引起该厂领导层对安全的重视，未能认真吸取教训，终于酿成大祸。

3.2.4 美国得州化肥厂爆炸事故发生的原因是什么？

2013年4月17号，美国得克萨斯州韦斯特化肥厂发生爆炸，造成了70人遇难，包括10名消防员，近两百人受伤，70栋民宅被毁，包括两所学校和一家养老院，据美国地质勘探局测定，此次爆炸引发的震动强度相当于一场2.1级地震。事故的诱因是仓库里存放了大量没有妥善管理的氧化物、易燃物体和剧毒物三大危险化学品。从媒体的报道看，确定导致爆炸事故的是无水氨和硝酸铵，爆炸过程为无水氨储罐区先发生火灾，旁边的硝酸铵仓库遭“高温烘烤”，引起硝酸铵爆炸。

美国调查人员认定是工业安全事故。经查明，该化肥厂涉嫌违规储存危险化学品，其储量超过国土安全部规定上报最低限量（180千克）的1350倍。这家化肥厂今年向州卫生部门已经填报报表，显示工厂去年存有270吨无水氨，但州卫生部门与国土安全部没有共享这一数据的机制，导致国土安全部直到爆炸发生后，才得知有这家化肥厂储存超量未上报的危险化学品，监管责任缺失。

3.3 化工的风险防控

3.3.1 什么是 HSSE？

HSSE 是健康（Health）、安全（Safety）、安保（Security）和环境（Environment）管理体系的简称，是原来HSE（健康、安全、环境）的升级版。HSSE 管理体系是将实施健康、安全、安保与环境管理的组织机构、职责、做法、程序、过程和资源等要素有机构成的整体，这些要素通过先进、科学、系统的运行模式有机地融合在一起，相互关联、相互作用，形成动态管理体系。

3.3.2 什么是安全生产责任制?

安全生产责任制是根据安全生产法规建立的各级领导、职能部门、工程技术人员、岗位操作人员对安全生产层层负责的制度。这是保证安全生产的重要的组织措施。实践证明，凡是建立、健全了安全生产责任制的地区和部门，各级领导重视安全工作、切实贯彻执行党的安全生产方针、政策和国家的安全生产法规，各类事故就会减少。反之，就会职责不清、互相推诿，从而使安全工作无人负责、无法进行，事故就会不断发生。

3.3.3 什么是应急预案？应急预案有哪些作用?

应急预案是指各级人民政府及其部门、基层组织、企事业单位、社会团体等为依法、迅速、科学、有序应对突发事件，最大程度减少突发事件及其造成的损害而预先制定的工作方案。

应急预案的作用：

（1）可以科学规范突发事件应对处置工作。

（2）可以合理配置应对突发事件的相关资源。

（3）可以提高应急决策的科学性和时效性。

3.3.4 安全的“四不伤害”是什么？

安全生产的“四不伤害”包括：

不伤害自己，就是要提高自我保护意识，不能由于自己的疏忽、失误而使自己受到伤害。这就要求我们具有安全意识、安全知识、业务熟练，并在工作时全心全意，不分心不走神。

不伤害他人，就是自己的行为或后果不能给他人造成伤害。在多人作业时，由于自己不遵守操作规程，对作业现场观察不够以及自己操作失误等原因而伤害了自己的同事，酿成不可挽回的错误。

不被他人伤害，即每个人都要加强自我防范意识，工作中要避免他人的错误操作或其他隐患给自己造成伤害。

保护他人不受到伤害，即作为一名企业的员工，要担起关心爱护他人的责任和义务，必须要牢固树立“安全第一，预防为主”的思想观念，不仅要自己做得好，还要时时提醒别人，为大家的安全尽一份力量，保护他人不受到伤害。

▲严格遵守操作规程（赵思源/摄）

3.3.5 什么是安全色？

安全色是表达安全信息的颜色，表示禁止、警告、指令、提示等意义。国家标准《安全色》GB 2893—2008规定红、蓝、黄、绿四种颜色为安全色。

其含义和用途：①红色：表示禁止、停止、危险或提示消防防备、设施的信息；②蓝色：传递必须遵守规定的指令性信息；③黄色：传递注意、警告的信息；④绿色：传递安全的提示性信息。

颜　色	含　义	标　志
红　色	表示禁止、停止的意思。	
黄　色	表示注意、警告的意思。	
蓝　色	表示指令、必须遵守的意思。	
绿　色	表示通行、安全和提供信息的意思。	

▲安全色示意图

3.3.6　什么是安全标志?

根据中华人民共和国国家标准《安全标志及其使用导则》（GB2894—2008）的规定，安全标志是用以表达特定安全信息的标志，由图形符号、安全色、几何形状（边框）或文字构成。安全标志的分类为禁止标志、警告标志、指令标志、提示标志四类，还有补充标志。

▲部分安全标志示例（沈煜 / 提供）

安全标志是向工作人员警示工作场所或周围环境的危险状况，指导人们采取合理行为的标志。安全标志能够提醒工作人员预防危险，从而避免事故发生；当危险发生时，能够指示人们尽快逃离，或者指示人们采取正确、有效、得力的措施，对危害加以遏制。安全标志不仅类型要与所警示的内容相吻合，而且设置位置要正确合理，否则就难以真正充分发挥其警示作用。

3.3.7 什么是劳动防护用品?

劳动防护用品是生产经营单位为从业人员配备的，使其在劳动过程中免遭或者减轻事故伤害及职业危害的个人防护装备。主要有安全帽、防护眼镜、防护手套、安全鞋、安全带等。

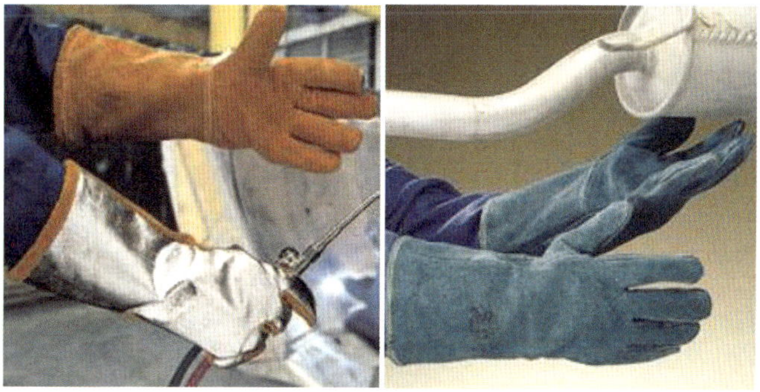

防护手套

安全帽（张颖 / 摄）

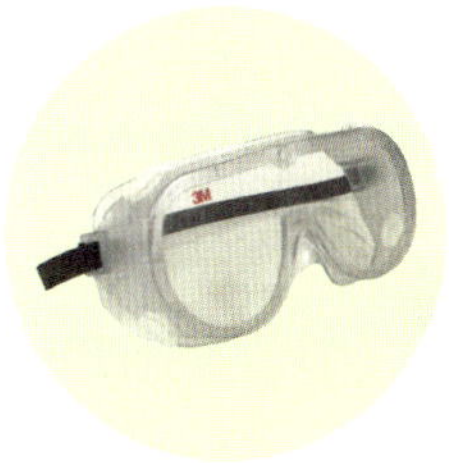

防护眼镜（张颖 / 摄）

安全鞋

▲劳动防护用品

3.3.8 生产安全事故如何分级?

2007年3月28日国务院第172次常务会议通过《生产安全事故报告和调查处

理条例》，自2007年6月1日起施行。根据《生产安全事故报告和调查处理条例》，事故划分为特别重大事故、重大事故、较大事故和一般事故4个等级。

特别重大事故，是指造成30人以上死亡，或者100人以上重伤（包括急性工业中毒，下同），或者1亿元以上直接经济损失的事故；

重大事故，是指造成10人以上30人以下死亡，或者50人以上100人以下重伤，或者5000万元以上1亿元以下直接经济损失的事故；

较大事故，是指造成3人以上10人以下死亡，或者10人以上50人以下重伤，或者1000万元以上5000万元以下直接经济损失的事故；

一般事故，是指造成3人以下死亡，或者10人以下重伤，或者1000万元以下直接经济损失的事故。

3.3.9 什么是闪燃？如何控制和预防？

可燃液体的蒸气与空气在一个通风不好的空间里形成的混合气比例恰好位于爆炸下限和上限浓度之间的范围时，一但遇到明火或电火花就会立即燃烧膨胀发生爆炸。例如我们常用的城市燃气（主要成分是甲烷），爆炸极限的实验值为5%～15%。

控制和预防闪燃现象，防止形成爆炸性混合物的最基本、最方便的措施就是要保障通风良好。要严格按照《建筑设计防火规范》《石油化工企业设计防火规范》等相关的消防技术规范和标准进行设计，防止留下先天性隐患。一切车辆在进入禁火区前，必须在排气口加装阻火罩。一切人员在进入禁火区域后均不得吸烟。在特别危险的地带不得穿着化纤服装和带铁钉的鞋，不得使用手机等。

▲沈煜 / 提供

当可燃气体（油气）泄漏进入大气环境，有可能发生“闪燃”现象时，应立即采取以下几种应对方法和措施。

第一，应当立即向在场人员（包括附近居民等）发出警报，并迅速离开危险区域。

第二，加强通风，水雾驱散。在人员安全

撤离后，可以根据风向和地形特点，在专业人员的指导下，穿戴好防护服装，谨慎地采用水雾驱散和加强通风的方法，对危险区域内已经形成的爆炸性气体或蒸气混合物进行驱散。

第三，关阀截流。这时应果断地采用关阀截流的方法，切断反应热，中止投料，使反应和升温停止。

第四，坚持冷却。应当在采取了相应的应对措施后，继续保持对反应设备的冷却，同时，划定一定范围的警戒区域，防止无关人员和火种进入危险区域，直到危险真正消除。

3.3.10　什么是自燃?

自燃是指可燃物质在空气中没有外来火源的作用，因受热或自行发热所产生的自然燃烧。自燃点（温度）是指在规定的条件下，可燃物质产生自燃的最低温度。根据热源的不同，物质自燃分为自热自燃和受热自燃两种。例如汽车自燃一般是受热自燃。

3.3.11　燃烧三要素是什么?

燃烧三要素是可燃物、氧化剂、点火源。

3.3.12　点火源的种类有哪些?

①电点火源：电火花、静电、雷电；

②化学点火源：明火、自燃着火；

③冲击点火源：冲击、摩擦、绝热压缩；

④高温点火源：高温表面、热辐射。

3.3.13　火灾分哪几类?

根据国标GB/T 4968—2008《火灾分类》，火灾分为A类、B类、C类、D类、E类、F类等六个不同的类别。

A类火灾：指固体物质火灾。这种物质往往具有有机物质的性质，一般在燃烧时产生灼热的余烬。如木材、煤、棉、毛、麻、纸张等火灾。

B类火灾：指液体火灾或可熔化的固体物质火灾。如汽油、煤油、柴油、原油、甲醇、乙醇、沥青、石蜡等火灾。

C类火灾：指气体火灾。如煤气、天然气、甲烷、乙烷、丙烷、氢气等火灾。

D类火灾：指金属火灾。如钾、钠、镁、铝镁合金等火灾。

E类火灾：指带电物体和精密仪器等物质的火灾。

F类火灾：烹饪器具内的烹饪物（如动植物油脂）火灾。

3.3.14 灭火的基本方法有哪些?

灭火的基本方法有冷却灭火（将灭火剂如水、二氧化碳等直接喷射到燃烧物上，把燃烧物的温度降低到可燃点以下，使燃烧停止）、隔离灭火（将正在燃烧的物质与其周围可燃物隔离或移开）、窒息灭火（阻止空气流入燃烧区域或用不燃烧的惰性气体冲淡空气）和抑制灭火（将有抑制作用的灭火剂喷射到燃烧物上）。

3.3.15 常用灭火剂有哪些?

（1）水灭火剂：主要依靠冷却和窒息作用进行灭火。

下列物质火灾不能用水扑救：密度小于水或不溶于水的易燃液体，如汽油、煤油等；遇水燃烧的物质，如金属钾、钠、电石等；电气火灾，未切断电源前不能用水扑救；强酸，可能使酸飞溅伤人；精密仪器；贵重文件等。

（2）干粉灭火剂：主要依靠化学抑制和窒息作用灭火。

精密仪器的火灾不能用干粉灭火剂扑救。

▲定期检查安全设备设施（沈煜 / 提供）

（3）泡沫灭火剂：通过与水混合、采用机械或化学反应的方法，产生泡沫的灭火剂，主要是依靠冷却和窒息作用进行灭火。电气、精密仪器、贵重文件的火灾以及忌水性物品火灾不能用泡沫灭火剂扑救。

（4）二氧化碳灭火剂：主要依靠窒息和冷却作用进行灭火。它适用于扑救金属及其氧化物的火灾，以及电气、精密仪器、贵重文件的火灾。

（5）卤代烷灭火剂：我国目前主要有两种，一种是二氟一氯一溴甲烷（1211），另一种是三氟一溴甲烷（1301），它们通常灌装在灭火器中，但由于其副作用，已列入淘汰目录。

3.3.16 什么是爆炸极限？常见气体爆炸极限是多少？

可燃气体、可燃蒸气和粉尘等可燃物质与空气或氧气在一定的浓度范围内均匀混合，形成预混气，遇着火源才会发生爆炸，这个浓度范围称为爆炸极限。例如一氧化碳与空气混合的爆炸极限为12.5%~74.2%。可燃性混合物能够发生爆炸的最低浓度和最高浓度，分别称为爆炸下限和爆炸上限。控制气体浓度是职业安全不可缺少的一环。

常见气体爆炸极限

气体名称	分子式	下限/%（体积）	上限/%（体积）
乙烷	C_2H_6	3.0	5.5
乙醇	C_2H_5OH	3.3	19
乙烯	C_2H_4	2.7	36
氢气	H_2	4.0	75
硫化氢	H_2S	4.3	45.5
甲烷	CH_4	5.0	15
甲醇	CH_3OH	6.7	36
丙烷	C_3H_8	2.1	9.5
甲苯	$C_6H_5CH_3$	1.2	7.1
二甲苯	$C_6H_5(CH_3)_2$	1.0	7.6
乙炔	C_2H_2	2.5	100
氨气	NH_3	15.5	27
苯	C_6H_6	1.3	7.1
丁烷	C_4H_{10}	1.9	8.5
一氧化碳	CO	12.5	74.2
丙烯	C_3H_6	2.0	11.1

3.3.17 窒息性气体对人体有哪些危害？如何防范？

窒息性气体是以气态吸入而引起组织窒息的一类有害气体。指被机体吸入后，可使氧的供给、摄取、运输和利用发生障碍，使全身组织细胞得不到或不能利用氧，而导致组织细胞缺氧窒息的有害气体的总称。单纯性窒息性气体有氮气、甲烷、二氧化碳；化学性窒息性气体有一氧化碳、硫化氢、氰化物。主要预防措施是加强对窒息性气体的密闭和工作场所通风，严格安全操作规章，加强宣传教育，普及急救和预防知识。

（1）一氧化碳（CO）

一氧化碳是无色无臭气体，能均匀散布于空气中，微溶于水。一氧化碳多数属于工业炉、内燃机等设备不完全燃烧时的产物，也有来自家用燃煤取暖炉和煤气设备的渗漏。一氧化碳毒性大，当空气中一氧化碳浓度达0.4%时，人在很短时间内就会失去知觉，若抢救不及时就会中毒死亡。由于一氧化碳无色无味，能均匀地和空气混合，不易被人发觉，因此必须严加防备。北方城市冬季取暖时发生的煤气中毒，绝大部分是一氧化碳中毒。

（2）硫化氢（H_2S）

无色有明显的臭鸡蛋气味的易燃气体。硫化氢是强烈的刺激神经的毒物，可引起窒息，即使低浓度硫化氢对眼和呼吸道也有明显的刺激作用。低浓度时可因其明显的臭鸡蛋气味而被察觉，然而持续接触使嗅觉变得迟钝，接触限值：最高容许浓度（MAC）为10毫克每立方米。高浓度时可直接抑制呼吸中枢，引起窒息死亡。生产过程应密闭化，在可能逸出硫化氢的场所安装排风通风设备，应监测生产环境空气中H_2S浓度。对已经测得有H_2S的场所，应加强人身防护，工人进入时应佩戴空气呼吸器或有灰色色标滤毒罐的防毒面具，必须有责任心强的工人在外监护。在储存或使用硫化氢场所，禁止吸烟和明火，应使用防爆型电器设备。

▲沈煜 / 提供

3.3.18 刺激性气体对人体有哪些危害？如何防范？

刺激性气体是指对眼和呼吸道黏膜有刺激作用的气体。吸入高浓度刺激性气体后可导致急性呼吸功能衰竭甚至死亡，最常见的有氯、氨、氮氧化物、光气、氟化氢、二氧化硫、三氧化硫和硫酸二甲酯等。

主要预防措施：防止生产过程中的“跑、冒、滴、漏”。生产过程自动化、密闭化并有密闭抽风设备，加强巡检，严格遵守操作规程。定期对现场环境进行检测。加强个体防护，穿戴耐腐蚀工作服、手套、防护眼镜及胶靴。

（1）氨

氨属高毒类，无色有刺激性恶臭的气体。低浓度氨对黏膜有刺激作用，高浓度可造成组织溶解性坏死。

急性中毒：轻度者表现为皮肤、黏膜的刺激反应，出现鼻炎、咽炎、气管及支气管炎；可有角膜及皮肤灼伤。重度者出现喉头水肿，声门狭窄、呼吸道黏膜细胞脱落、气道阻塞而窒息，可有中毒性肺水肿和肝损伤。氨可引起反射性呼吸停止。如氨溅入眼内，可致晶体混浊、角膜穿孔，甚至失明。

（2）氯

氯属高毒类，黄绿色有刺激性气味的气体，比空气重。对眼、呼吸系统黏膜有刺激作用。其刺激性比氯化氢大33倍。可引起迷走神经兴奋、反射性心跳骤停。

急性中毒：轻度者出现黏膜刺激症状，如眼红、流泪、咳嗽，肺部无特殊所见；中度者出现支气管炎和支气管肺炎，病人胸痛、头痛、恶心、较重干咳、呼吸及脉搏增快，可有轻度紫绀等；重度者出现肺水肿，可发生昏迷和休克。有时发生喉头痉挛和水肿，造成窒息。还可引起反射性呼吸抑制，发生呼吸骤停死亡。

▲加强个体防护：穿戴耐腐蚀工作服等
（沈煜 / 提供）

当发生氯气泄漏时，应迅速撤离危险区域。隔离该区域直到气体已经扩散为止。切勿直接向液体上喷水。喷洒雾状水去除气体。个人防护用具：气密式化学防护服，包括自给式呼吸器。

3.3.19 如何正确使用空气呼吸器?

空气呼吸器是一种自给正压型呼吸保护器具，广泛应用于消防、石油、化工等部门，供消防员或抢险救护人员在浓烟、毒气、蒸气或缺氧等各种环境下安全有效地进行灭火、抢险救灾和救护工作。

（1）使用前的检查

①外观检查：查看气管是否破裂，气压表、供给阀、面罩镜是否完好等。

②气瓶压力及警报器检查：按压供给阀里的旁通阀（转换开关），同时检查排气开关是否处于关闭位置。然后打开气瓶阀门，待气体充满管路后，气压表针所指示的就是气瓶压力（压力应大于24兆帕）。接着关闭阀门，打开供给阀的排气开关，气体不断流出，当气压表指针指向5.5兆帕 ±0.5兆帕时，警报器会自动发出响声报警到零为止。否则不正常。

③全输送气管路气密性检查：按压供给阀里的旁通阀（排气开关要处于关闭状态），打开气瓶阀门，待气体充满气管后，观察气压表的读数，在5分钟内气压下降不超过4兆帕为正常。

④全面罩的气密性检查：打开气瓶阀门，待气体充满管路后，戴上面罩并移动至面部密封，拉紧系带，作深呼吸吸气，待正常供气呼吸后，关闭气瓶阀门，待吸完气管内的气体时，马上感觉呼吸困难，面罩内为负压，罩体向人面部移动为气密性好。

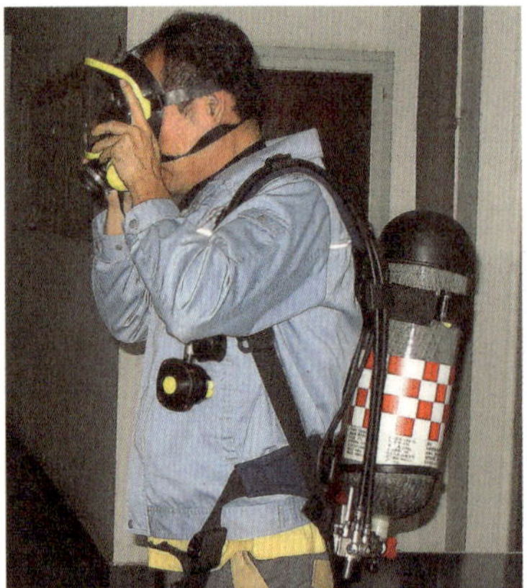

▲演练呼吸器的使用（张颖 / 提供）

（2）佩戴空气呼吸器

①进行使用前的各项检查。

②放松背板肩、腰带及面罩头带。

③打开气瓶阀门，旋转两周以上，把呼吸器戴在人体背后，气瓶阀门向下端，调节拉紧肩、腰带，将供给阀接上面罩，挂上颈带，戴

上面罩，收紧头带（按底部、中部、上部顺序），作深呼吸2～3次至开始正常供气呼吸为止。

④待吸气或呼气时，发出有节奏的响声，说明呼吸器已正常工作，此时才能进入毒区作业。

3.3.20 什么是静电？静电是如何形成的？

所谓静电，是物体表面正负电荷产生分离的一种物理现象。物质因失去或得到电子而带电，因失去电子而带正电，因得到电子而带负电。当带静电物体接触零电位物体（接地物体）或与其有电位差的物体时，会发生电荷转移，就是我们日常见到的火花放电现象。冬天北方气候干燥时，穿脱衣服有时就可以看到静电火花。

静电的形成：

①摩擦。在日常生活中，任何两个不同材质的物体接触后再分离，即可产生静电，而产生静电的最普通方法，就是摩擦生电。材料的绝缘性越好，越容易摩擦生电。

②感应。针对导电材料而言，因电子能在它的表面自由流动，如将其置于一电场中，由于同性相斥，异性相吸，正负电子就会转移。

③传导。针对导电材料而言，因电子能在它的表面自由流动，如与带电物体接触，将发生电荷转移。

3.3.21 静电的危害有哪些？

①静电放电产生火花可能引起火灾和爆炸事故。

②静电放电电击人体可能造成伤害或二次事故。

③静电可能影响仪器、设备的正常运行而影响生产。

3.3.22 雷电的破坏作用有哪些方面？

雷电的破坏作用主要有电性质的破坏、热性质的破坏和机械性质的破坏。

①电磁力的破坏作用。主要表现为毁坏电气设备绝缘，烧断电线或劈裂电杆，造成严重的触电事故。

②热效应的破坏作用。主要表现为几万度的高温，不仅能使金属熔化，还能引燃易燃、易爆的物质，造成火灾或爆炸。

③机械力的破坏作用。主要表现为使被击物扭曲、变形、裂成碎片。

3.3.23 防雷装置包括哪些部分?

防雷装置包括接闪器（避雷针、避雷网、避雷带、避雷线、避雷器及电涌保护器），以及引下线和接地装置（接地网）三部分。

3.3.24 电击防护有哪些主要措施?

①绝缘：用绝缘物将带电体封闭起来。

②屏护：遮栏、护罩、护盖、箱匣隔绝带电体电器开关的可动部分一般不能使用绝缘，而需要屏护。高压设备不论是否有绝缘，均应采取屏护。

③间距：保证必要的安全距离。间距除了可防止触及或过分接近带电体外，还能起到防止火灾、防止混线、方便操作的作用。在低压工作中，最小检修距离不应小于0.1米。

④等电位联结：等电位联结是将人可触及外露的可导电部分、建筑物钢筋结构、保护导体等联结在一起，以缩小各可导电部分之间的电位差，从而达到防止电击的目的。

3.4 环境管理（碧水蓝天）

3.4.1 什么是大气污染？

大气污染是指大气中一些物质的含量达到有害的程度以至破坏生态系统和人类正常生活的条件，对人或物造成危害的现象。

大气污染物由人为源或者天然源进入大气（输入），参与大气的循环过程，经过一定的滞留时间之后，又通过大气中的化学反应、生物活动和物理沉降从大气中去除（输出）。如果输出的速率小于输入的速率，就会在大气中相对集聚，造成大气中某种物质的浓度升高。当浓度升高到一定程度时，就会直接或间接地对人、生物或材料等造成急性、慢性危害，大气就被污染了。例如雾霾天气，沙尘暴天气等。

3.4.2 大气污染有哪些常规分析指标?

大气污染常规分析指标是根据国家颁发的环境标准和主管部门结合当地的实际情况确定的反映大气污染状况的重要指标。按中华人民共和国国家标准《环境空气质量标准》（GB 3095—2012）规定的基本分析指标有二氧化硫、二氧化氮、一氧化碳、臭氧、PM10、PM2.5。其它分析指标如总悬浮颗粒物、氮氧化物、铅、苯并[α]芘等由国务院环境保护行政主管部门或者省级人民政府根据实际情况，确定具体实施方式。

▲工作人员在进行大气采样（北京化工研究院）

3.4.3 大气污染物有哪些主要来源?

大气污染物主要来源于人类的生活及生产活动。大气污染源主要有三种:

(1)生活污染源。由于城乡居民及服务行业烧饭、取暖、沐浴等生活上的需要，燃烧各种燃料时，向大气排放污染物形成的污染源。

(2)工业污染源。工矿企业在各种生产活动中排放污染物形成的污染源。

(3)交通污染源。由交通运输工具排放的污染物形成的污染源，也称移动污染源。

3.4.4 什么是雾? 什么是霾?

雾是由大量悬浮在近地面空气中的微小水滴或冰晶组成的气溶胶系统，是近地面层空气中水汽凝结(或凝华)的产物。如果目标物的水平能见度降低到1千米以内，就将悬浮在近地面空气中的水汽凝结(或凝华)物的天气现象称为雾。

霾是指大量细微的干尘粒等均匀地悬浮在空中，使水平能见度小于10千米、空气普遍混浊的现象。我国部分地区也将受到人类活动显著影响的霾称为灰霾。其判识条件为能见度小于10千米，排除降水、沙尘暴、扬尘、浮尘、烟幕、吹雪、雪暴等天气现象造成的视程障碍。相对湿度小于80%，判识为霾。

3.4.5 雾与霾的区别有哪些?

在大气环境科学里，雾和霾是以相对湿度来定义和区别的：相对湿度达到95%以上的低能见度现象叫做雾；低于80%的叫做霾。雾的颜色是乳白色、青白色或纯白色，霾则是黄色、橙灰色。大多数时间这两种现象混合在一起，尽管在概念定义上有明确的界定，但在实际观测和研究中却并不是太容易区分，所以经常统称为“雾霾天气”。

3.4.6 霾是如何形成的?

霾作为一种自然现象，其形成主要有三方面因素。

一是在水平方向静风现象的增多。近年来，随着城市建设的迅速发展，大楼越建越高，阻挡和摩擦作用使风流经城区时速度明显减弱。静风现象增多，不利于大气污染物的扩展稀释，却容易在城区内和近郊区周边积累。

二是垂直方向上出现逆温。逆温层好比一个锅盖覆盖在城市上空，这种高空气温比低空气温更高的逆温现象，使得大气层低空的空气垂直运动受到限制，导致污染物难以向高空飘散而被阻滞在低空和近地面。

三是空气中悬浮颗粒物的增加，这是形成霾的重要因素。

3.4.7 什么是 PM？什么是 PM2.5？

PM是Particulate Matter的英文缩写，即颗粒物。

PM2.5是指直径小于或等于2.5微米（μm）的颗粒物，也称细颗粒物。它是由直接排入空气中的微粒和空气中的气态污染物通过化学转化生成的二次微粒组成。直接排入空气中的微粒由尘土性微粒、植物和矿物燃料燃烧产生的碳黑粒子组成。二次微粒主要由硫酸铵和硝酸铵组成，这两种微粒是由大气中的二氧化硫和氮氧化物转化生成的。PM2.5对空气质量和能见度等有重要影响。

3.4.8 PM2.5 与 PM10 相比，谁对健康的危害更大？为什么？

PM2.5比PM10对健康的危害更大。

PM2.5是由直接排入空气中的一次微粒和空气中的气态污染物通过化学转化生成的二次微粒共同组成，而二次微粒的毒性往往更大。PM2.5由于粒径小，更容易被吸入呼吸道深部，PM2.5上载带的很多有害物质随之被带到肺脏深处；相同质量浓度的PM2.5表面积更大，吸附能力更强，而且附着在上面的多种化学物质间接触更密切，更容易发生化学反应，从而起联合毒性作用或生成毒性更强的物质，对人体健康的危害比PM10更大。

3.4.9 什么是挥发性有机化合物？它对人的健康有哪些影响？

挥发性有机化合物即任何能参加大气光化学反应的有机化合物。当居室中的挥发性有机化合物达到一定浓度时，短时间内人们会感到头痛、恶心、呕吐、乏力等，严重时会出现抽搐、昏迷，并会伤害到人体的肝脏、肾脏、大脑和神经系统，造成记忆力减退等严重后果。家庭装饰装修过程中使用的涂料是室内挥发性有机化合物的主要来源之一。所以，各国都对涂料等装饰装修材料中的挥发性有机化合物含量做了限制。现在，大量的水性涂料替代了油性涂料或有机溶剂涂料，对挥发性有机化合物的减少起到很好作用。

3.4.10 什么是“大气十条”？ 工作目标是什么?

国务院于2013年9月10日发布了《大气污染防治行动计划》，又称“大气十条”，主要指的是治理雾霾的相关举措。包括6条能源结构调整政策，涉及燃煤、工业、机动车、重污染预警等10条措施；包括10项环境经济政策，主要是价格政策、税收政策、投资政策等10个方面的经济政策；还包括6个方面22项管理政策，主要是考核办法、节能环保标准等。

▲蓝天白云（张颖/摄）

“大气十条”的工作目标：经过五年努力，全国空气质量总体改善，重污染天气较大幅度减少；京津冀、长三角、珠三角等区域空气质量明显好转。力争再用五年或更长时间，逐步消除重污染天气，全国空气质量明显改善。

3.4.11 水污染一般分为哪些类型?

按水污染物的性质以及所产生的污染效应，水污染一般分为九种类型：有毒物质污染、耗氧物质污染、病原体污染、营养物质污染、无机物污染、热污染、感官污染物污染、石油污染、放射性污染。

3.4.12 水污染的主要途径是什么?

水污染的发生是由于各种污染源排出的污染物进入水体而造成的。常见的污染途径有：

①工业生产排放的废水。

②城市生活污水。

③农业上喷撒农药、施用化肥，被雨水冲刷随地表径流进入水体。

④固体废物中有害物质，经水溶解而流入水体。

⑤工业生产排放的烟尘废水，经直接降落或被雨水淋洗而流入水体。

⑥降雨和雨后的地表径流携带大气、土壤和城市地表的污染物进入水体。

⑦海水倒灌或渗透，污染沿海地区地下水源或水体。

⑧天然的污染源影响水体本底含量。例如，黄河中游河段有严重的砷污染，其原因是黄河含沙量的90%来自黄土高原，而且高原黄土中砷的本底很高，故造成该河段水体有严重砷污染。

3.4.13 我国水污染防治的总体原则是什么？

《中华人民共和国水污染防治法》(2017年修订)规定：水污染防治应当坚持预防为主、防治结合、综合治理的原则，优先保护饮用水水源，严格控制工业污染、城镇生活污染，防治农业面源污染，积极推进生态治理工程建设，预防、控制和减少水环境污染和生态破坏。

3.4.14 什么是“水十条”？工作目标是什么？

国务院于2015年4月2日发布了《水污染防治行动计划》，简称“水十条”。“水十条”最早叫“水计划”，因为要与已经出台的“大气十条”相对应，改为“水十条”。全文从10个方面提出了加大水污染防治力度，保障国家水安全的措施。

▲青山绿水（张颖/摄）

“水十条”的工

作目标：到2020年，全国水环境质量得到阶段性改善，污染严重水体较大幅度减少，饮用水安全保障水平持续提升，地下水超采得到严格控制，地下水污染加剧趋势得到初步遏制，近岸海域环境质量稳中趋好，京津冀、长三角、珠三角等区域水生态环境状况有所好转。到2030年，力争全国水环境质量总体改善，水生态系统功能初步恢复。到本世纪中叶，生态环境质量全面改善，生态系统实现良性循环。

3.4.15 什么是膜分离？什么是微滤、超滤、纳滤、反渗透？

膜分离是20世纪60年代后迅速崛起的一门分离新技术。利用膜的选择性分离实现料液的不同组分的分离、纯化、浓缩的过程称作膜分离。它可以在分子范围内进行分离，根据材料不同可以分为有机膜和无机膜。

微滤又称微孔过滤（简称MF），利用孔径为0.02～1.0微米的膜对水进行过滤，属于精密过滤，能够过滤微米级（μm）或纳米级（nm）的微粒和细菌。利用其均一孔径，来截留水中的微粒、细菌等，使其不能通过滤膜。决定膜的分离效果的是膜的物理结构、孔的形状和大小。微滤广泛应用于微电子行业超纯水的终端过滤，各种工业给水的预处理和饮用水的处理等。

超滤（简称UF），是以压力为推动力的膜分离技术之一。利用孔径为0.01～0.1微米的膜对水进行过滤，使小于膜孔的分子溶质和溶剂穿过一定孔径的特制膜，从而使比膜孔大的大分子溶质不能透过，留在膜的一边，过滤精度介于微滤和纳滤之间，以分离大分子与小分子为目的。超滤技术已成为制药工业、食品工业、电子工业以及环境保护领域中不可缺少的有力工具。

纳滤（简称NF），是一种以压力差为推动力，介于反渗透和超滤之间的截留水中粒径为纳米级颗粒物的一种膜分离技术。纳滤膜大多从反渗透膜衍化而来，但与反渗透相比，其操作压力更低，因此纳滤又称作“低压反渗透”。纳滤主要用在饮用水和工业用水的纯水、废水净化处理、工艺流体中有价值成分的浓缩等方面。

反渗透（简称RO），原理是在高于溶液渗透压的作用下，依据其他物质不能透过半透膜而将这些物质和水分离开来。反渗透膜的膜孔径非常小，因此能够有效去除水中的溶解盐类、胶体、微生物、有机物等。反渗透膜使用的压力很高，产水量较低，水的回收率只有75%~80%，因此，运行费用较高。

3.4.16 什么是土壤污染?

土壤污染是由于具有生理毒性的物质或过量的植物营养元素进入土壤而导致土壤性质恶化和植物生理功能失调的现象。

3.4.17 固体废物管理的“三化”原则是什么?

固体废物管理的“三化”原则是以减量化为前提，以无害化为核心，以资源化为归宿。

减量化就是从源头开始控制，主要是采用“绿色技术”和“清洁生产工艺”，合理地开发利用资源，最大限度地减少固体废物的产生和排放。减量化不仅是减少固体废物的数量和体积，还包括尽可能地减少其种类，降低危险废物有害成分的含量，减轻或消除其危险特性等。

资源化是指采取管理措施和工艺改革方案，从固体废物中回收有用的物质和能源，创造经济价值的技术方法。资源化概念包括以下三个方面：物质回收，即处理废物并从中回收指定的二次物质，如纸张、玻璃、金属等；物质转换，即利用废物制取新形态的物质，如利用炉渣生产水泥和建筑材料，利用有机垃圾生产堆肥等；能量转换，即从废物中回收能量，作为热能和电能，如通过有机废物的焚烧处理回收热量，通过热解技术回收燃料，利用堆肥化生产沼气等。

无害化是指已产生的，且暂时不能综合利用的固体废物，经过物理、化学或生物的方法，进行对环境无害或低危害的安全处理、处置，达到废物的消毒、解毒或稳定化。无害化的基本任务是将固体废物通过工程处理，达到不污染生态环境和不危害人体健康的程度。

3.4.18 什么是“土十条”？工作目标是什么?

国务院于2016年5月31日发布了《土壤污染防治行动计划》，简称“土十条”，提出土壤污染防治要以保障农产品安全和人居环境健康为出发点，以保护和改善土壤环境质量为核心，以改革创新为动力，以法制建设为基础，坚持源头严控，实行分级分类管理，强化科技支撑，发挥市场作用，引导公众参与。

▲希望的田野（张颖/摄）

“土十条”的工作目标：到2020年，全国土壤污染加重趋势得到初步遏制，土壤环境质量总体保持稳定，农用地和建设用地土壤环境安全得到基本保障，土壤环境风险得到基本管控。到2030年，全国土壤环境质量稳中向好，农用地和建设用地土壤环境安全得到有效保障，土壤环境风险得到全面管控。到本世纪中叶，土壤环境质量全面改善，生态系统实现良性循环。

3.4.19　为什么要提倡低碳生活?

▲绿色出行（张颖/摄）

低碳生活，就是指生活作息时要尽力减少所消耗的能量，特别是二氧化碳的排放量，减少对大气的污染，减缓生态恶化。主要是从节电、节气和回收三个环节来改变生活细节。

如今低碳这种生活方式已经悄然走进中国，不少低碳网站开始流行一种有趣的计算个人排碳量的特殊计算器，如中国城市低碳经济网的低碳计算器，以生动有趣的动画形式，不但可以计算出日常生活的碳排放量，还能显示出不同的生活方式，住房结构以及新型科技对碳排放量的影响。

低碳对于普通人来说是一种生活态度，同时也成为人们推进潮流的新方式，它给我们提出的是一个“愿不愿意和大家共同创造低碳生活”的问题。“低碳生活”节能环保，有利于减缓全球气候变暖和环境恶化的速度，是每位公民应尽的责任。例如减少开车，多骑自行车，既锻炼了身体，又节能环保。

3.4.20 什么是清洁生产？包括哪些方面？

清洁生产是指将综合预防的环境保护策略持续应用于生产过程和产品中，以期减少对人类和环境的风险。清洁生产从本质上来说，就是对生产过程与产品采取整体预防的环境策略，减少或者消除它们对人类及环境的可能危害，同时充分满足人类需要，使社会经济效益最大化的一种生产模式。《中华人民共和国清洁生产促进法》对清洁生产作了更为详尽的定义，清洁生产是指：不断采取改进设计，使用清洁的能源和原料，采用先进的工艺技术与设备、改善管理、综合利用等措施，从源头削减污染、提高资源利用效率，减少或者避免生产、服务和产品使用过程中污染物的产生和排放，以减轻或者消除对人类健康和环境的危害。

▲清洁生产　造福子孙（张颖 / 摄）

CHAPTER

4

第 4 篇

化工有美好的未来

4.1 化工使人类生活更美好

4.1.1 如果没有化工，人类的生活将会如何?

说到化工，大多数人的脑海里闪现最多的是化工对环境所造成的污染和食品安全问题。但大家可曾想过没有化工的世界是什么样的? 人类会怎样生活?

如果没有化工，就没有农药、化肥、抗生素、疫苗等等和人类生活息息相关的化工产品，人类将面临饥饿、疫病的威胁，生活会大大倒退。下面就让我们了解下人类历史上发生的几次大的灾难。

爱尔兰大饥荒

爱尔兰大饥荒，俗称马铃薯饥荒，是一场发生于1845年至1850年间的饥荒。在这5年的时间内，英国统治下的爱尔兰人口锐减了将近1/4。造成饥荒的主要因素是一种称为晚疫病菌（致病疫霉菌）的卵菌造成马铃薯腐烂继而失收。马铃薯是当时的爱尔兰人的主要粮食来源，这次灾害加上其他社会与经济因素，严重地打击了贫苦农民的生计。大饥荒对爱尔兰的社会、文化、人口造成了深远的影响。

西班牙流感

西班牙流感并不是从西班牙起源的，它最早出现在美国堪萨斯州的芬斯顿军营中（1918年2月）。“西班牙流感”之所以得名是因为流感传到了西班牙，总共造成800万西班牙人死亡，这次流感也就因此得名“西班牙流感”。

西班牙型流行性感冒在1918～1919年曾经造成全世界约10亿人感染，约4000万人死亡（当时世界人口约17亿人），比第一次世界大战的死亡人数还多，成为第一次世界大战提早结束的原因之一，因为各国都已经没有额外的兵力作战。西班牙型流感在18个月内便完全消失，而其病株从未被真正地辨认。

蝗 灾

蝗灾是指因为蝗虫而引发的灾难。在没有化工的年代，面对蝗灾，人类束手无策。一旦发生蝗灾，无数的蝗虫遮天蔽日，所过之处寸草不留，它们吞食庄稼，使农产品绝收，进而引发严重的经济损失，以致因粮食短缺而发生饥荒战祸。中国历史上曾多次发生过蝗灾，受灾区多集中于河北、河南、山东三省，江苏、安徽、湖北等省亦有分布，严重时可能遍及整个黄土高原。据邓云特的《中国救荒史》统计，秦汉时期的蝗灾平均8.8年一次，两宋为3.5年，元代为1.6年，明、清两代均为2.8年，其受灾范围、受灾程度堪称世界之最。

4.1.2 为什么要使用化肥?

长期以来，人类的食物和衣着主要依靠农业。而农业自远古的刀耕火种开始，一直依靠大量人力劳作，受各种自然条件的制约，发展十分缓慢。19世纪，农业机械的运用，逐步改善劳动状况。然而，在农业生产中，单位面积产量的真正提高，则是在改良品种、施用化肥、农药以后的事。实践证明，施肥是提高作物单位面积产量的重要措施。据联合国粮农组织（FAO）统计，化肥在对农作物增产的总份额中约占40%～60%。中国能以占世界7%的耕地养活了占世界22%的人口，可以说化肥起到举足轻重的作用。

4.1.3 化肥的作用有哪些?

化肥是农作物的“粮食”，是现代科学技术带给我们的高效营养物质。欧洲从19世纪生产化肥开始，经过140多年的发展，化肥已经形成了完整的产、供、销、用体系，完全可以为粮、棉、油、果、菜等农产品提供氮、磷、钾元素和其他中量、微量元素。化肥施用200多年来，人口连续翻番的同时，营养水平大幅提高，人类文明进步呈现指数级增长，彻底突破了传统农业依赖于地力自然恢复的瓶颈。

不同种类的化肥对农作物的作用是有所差异的，比如：

氮肥的主要作用是提高生物总量和经济产量，改善农作物的营养价值，特别能增加种子中蛋白质含量，提高食品的营养价值。磷肥的使用，可增加作物产量，改善作物品质，加速谷类作物分蘖和促进籽粒饱满；促使棉花、瓜类、茄果类蔬菜及果树的开花结果，提高结果率；增加甜菜、甘蔗、西瓜等的糖分；提高油菜籽的含油量。钾肥对农作物的主要作用是平衡氮、磷和其它营养元素，可促进植物蛋白质和碳水化合物的形成，调节植物的功能作用以达到发展根系、强壮枝干、提高抗旱和抗寒能力等目的。

4.1.4 什么是有机肥？有机肥能代替化肥吗？

有机肥料是指含有有机物质，既能提供农作物多种无机养分和有机养分，又能培肥改良土壤的一类肥料。有机肥来源大体可分为以下几种：

（1）农业废弃物，比如秸秆、豆粕、棉粕等。

（2）畜禽粪便，比如鸡粪、牛羊马粪、兔粪；

（3）其他废弃物，比如酒糟、醋糟、木薯渣、糖渣、糠醛渣等。

有机肥料富含有机物质和作物生长所需的营养物质，不仅能提供作物生长所需养分，改良土壤，还可以改善作物品质，提高作物产量，促进作物高产稳产，保持土壤肥力，同时可提高肥料利用率，降低生产成本。因此，在我国推广应用有机肥料，符合“加快建设资源节约型、环境友好型社会”的要求，对促进农产品安全、清洁生产，保护生态环境都有重要意义。

但是，有机肥也有其自身缺陷，如有机肥料所含养分并不均衡，不能满足作物高产优质的需要；与其他肥料相比，有机肥分解相对较慢，肥效较迟。虽然它的营养元素含量全，但含量较低，在土壤中分解较慢；有机肥带有病菌、虫卵和杂草种子，这些不利于作物的健康生长，所以要经过加工处理后才能施用。因此农业增产增效仅仅靠有机肥是无法做到的，化肥的巨大作用是有机肥无法取代的。因此，科学搭配使用化肥和有机肥，发挥二者各自优势取长补短，才能实现农业增产、增效。

4.1.5 农药的作用有哪些？为什么使用农药？

农药，系指用于防治危害农林牧业生产的害虫、害螨、线虫、病原菌、杂草、老鼠等有害生物和调节植物生长的化学药品和生物药品。如果说化肥是农作物的粮食，能保证其增产，那么农药就是农作物的卫士，能防止其欠产或绝产。

早期，人类采用天然物质防治病虫害。直到19世纪末，近代化学工业形成以后，采用巴黎绿（砷制剂）杀马铃薯甲虫、波尔多液防治葡萄霜霉病，农业才开始了化学防治的新时期。20世纪40年代生产了有机氯、有机磷、苯氧乙酸类等杀虫剂和除草剂，广泛用于农业、林业、畜牧业和公共卫生。但这一代农药中有些因高残留、高毒，造成生态污染，已被许多国家禁用。近几十年开发了一些高效、低残留、低毒的新农药，其中拟除虫菊酯（除虫菊是具有除虫作用的植物）是一种仿生农药，每亩用量只有几克，已经投入工业生产。此外，生物农药是21世纪来在农药研究中是最活跃的一个领域。

4.1.6 农药都是很毒的吗?

根据农业生产上常用农药（原药）的毒性综合评价（急性口服、经皮毒性、慢性毒性等），将其毒性分为高毒、中等毒、低毒三类。这里有个半数致死量的概念，简称LD_{50}，表示能杀死一半试验总体的有毒物质的剂量；通常为有毒物质的质量和试验生物体重之比，例如“毫克/千克体重”，表示试验生物每公斤体重一次性摄入可使半数致死的剂量。

（1）高毒农药（LD_{50}<50毫克/千克）：3911、苏化203、1605、甲基1605、1059、杀螟威、久效磷、磷胺、甲胺磷、异丙磷、三硫磷、氧化乐果、磷化锌、磷化铝、氰化物、呋喃丹、氟乙酰胺、砒霜、杀虫脒、西力生、赛力散、溃疡净、氯化苦、五氯酚、二溴氯丙烷、401等。

（2）中等毒农药（50毫克/千克＜LD_{50}＜500毫克/千克）：杀螟松、乐果、稻丰散、乙硫磷、亚胺硫磷、皮蝇磷、六六六、高丙体六六六、毒杀芬、氯丹、滴滴涕、西维因、害扑威、叶蝉散、速灭威、混灭威、抗蚜威、倍硫磷、敌敌畏、拟除虫菊酯类、克瘟散、稻瘟净、敌克松、402、福美砷、稻脚青、退菌特、代森胺、代森环、2，4-滴、燕麦敌、毒草胺等。

（3）低毒农药（LD_{50}>500毫克/千克）：敌百虫、马拉松、乙酰甲胺磷、辛硫磷、三氯杀螨醇、多菌灵、托布津、克菌丹、代森锌、福美双、萎锈灵、异草瘟净、乙磷铝、百菌清、除草醚、敌稗、阿特拉津、去草胺、拉索、杀草丹、2甲4

氯、绿麦隆、敌草隆、氟乐灵、苯达松、茅草枯、草甘磷等。

为了保证农产品质量安全，在农药使用中必须注意农药的安全间隔期，即最后一次施药至作物收获时所需间隔的天数，也就是收获前禁止使用农药的日期。在安全间隔期内施药，才能保证农药残留量不超标，才能保证农产品的质量安全。不同的农药有不同的安全间隔期，使用时应按农药标签规定执行。

4.1.7 什么是农药残留?

农药残留，是农药使用后一个时期内没有被分解而残留于生物体、收获物、土壤、水体、大气中的微量农药原体、有毒代谢物、降解物和杂质的总称。

施用于作物上的农药，其中一部分附着于作物上，一部分散落在土壤、大气和水等环境中，环境残存的农药中的一部分又会被植物吸收。残留农药直接通过植物果实或水、大气到达人、畜体内，或通过环境、食物链最终传递给人、畜。

农药残留问题是随着农药大量生产和广泛使用而产生的。到目前为止，世界上化学农药年产量近200万吨，约有1000多种人工合成化合物被用作杀虫剂、杀菌剂、杀藻剂、除虫剂、落叶剂等类农药。农药尤其是有机农药大量施用，造成严重的农药污染问题，成为对人体健康的严重威胁。

农药残留虽然危害大，但为确保农作物安全，又不可因噎废食，废止使用农药，而应该采取措施加以应对。解决农药残留问题的策略大体有以下几方面:

（1）合理使用

从根源上杜绝农药残留污染。中国已经制定并发布了十批《农药合理使用准则》国家标准。准则中详细规定了各种农药在不同作物上的使用时期、使用方法、使用次数、安全间隔期等技术指标。合理使用农药，不但可以有效地控制病虫草害，而且可以减少农药的使用，减少浪费，最重要的是可以避免农药残留超标。

（2）残留监测

开展全面、系统的农药残留监测工作能够及时掌握农产品中农药残留的状况和规律，查找农药残留形成的原因，为政府部门提供及时有效的数据，为政府职能部门制定相应的规章制度和法律法规提供依据。

（3）加强管理

加强《农药管理条理》、《农药合理使用准则》、《食品中农药残留限量》等有关法律法规的贯彻执行，加强对违反有关法律法规行为的处罚，是防止农药残留超标的有力保障。

4.1.8 常用的食品添加剂有哪几类？

目前，我国允许使用的食品添加剂有2300多种，为便于食品添加剂的使用和管理，GB 2760—2011将这2300多种食品添加剂进行了分类。按照来源，它们可以分为天然和人工化学合成两大类。按照食品添加剂常用的功能和发挥的作用，它们又可分为23类，主要有酸度调节剂、抗结剂、消泡剂、抗氧化剂、漂白剂、膨松剂、胶基糖果中基础剂物质、着色剂、护色剂、乳化剂、酶制剂、增味剂、面粉处理剂、被膜剂、水分保持剂、营养强化剂、防腐剂、稳定剂和凝固剂、甜味剂、增稠剂、食品用香料、食品工业用加工助剂、其他等23个类别。

4.1.9 食品添加剂是必需使用的吗？

现代食品工业的发展，使食品的规模化生产、长距离运输、长时间贮存成为可能，而这些都离不开食品添加剂。特别是食品调味料的广泛使用和延长食品保质期的需求，食品添加剂已经渗透到食品加工的方方面面，几乎所有的加工食品都含有食品添加剂。即使是最普通的家庭烹饪和餐饮烹调，也都离不开食品添加剂。有史以来，人类能够像今天这样享受到如此众多的美味，食品添加剂的贡献功不可没。

食品添加剂在日常生活中使用十分广泛，是食品加工中不可缺少的配料，所有加工食品中基本没有不含添加剂的。目前超市上琳琅满目的食品，如果按照家庭方式生产，几乎是不可能的。因此，没有食品添加剂就没有现代化的食品企业和产品。

▲食品添加剂是食品加工中不可缺少的配料（张颖 / 摄）

4.1.10　使用多种食品添加剂是否安全？

食品添加剂的使用原则是：①不应对人体产生任何健康危害；②不应掩盖食品腐败变质；③不应掩盖食品本身或加工过程中的质量缺陷或以掺杂、掺假、伪造为目的而使用食品添加剂；④不应降低食品本身的营养价值；⑤在达到预期效果的前提下尽可能降低在食品中的使用量。

食品添加剂的生产都要经过严格的评价和检测，并且都要经过一系列的动物实验对其急性毒性、遗传毒性、致癌毒性、致畸毒性等进行综合评价，在确定对身体没有安全隐患后才可以被批准使用，确保人体食用的安全性。

世界各国包括联合国都对食品添加剂有越来越严格的管理制度、安全评价方法。所有批准使用的食品添加剂都经过了安全评价，只要符合食品添加剂的使用原则，在规定的使用范围、不超过最大用量、残留量不超标的使用就是安全的。

4.1.11　食品添加剂的警戒标准是什么？

食品添加剂的使用原则，首先就是确保对人体不产生任何健康危害，也正因为如此，国际和国内对食品添加剂的安全性审批和确认非常严格，并制定了食品添加剂使用的食品安全标准，规定了使用原则、允许使用的食品添加剂品种、使用范围、最大使用量和残留量。我国国标GB 2760—2011对这些都有明确规定，在规定标准下使用不会对身体产生有害作用。

消费者购买食品时尽可能选择信誉好的品牌和商家。正规厂家生产的食品，会严格按照国家标准使用食品添加剂，并在配方中标明使用的种类和用量，一般不会发生食品添加剂超标的问题。

4.1.12 眼镜和隐形眼镜用的是什么高分子材料?

现在市面上配眼镜，玻璃镜片的比例越来越低，而一种更轻巧、光学性能很好、抗冲击力强（不易破碎）、成本不高的镜片——树脂镜片被大多数人所接收。树脂镜片就是一种合成材料，大体有以下几种类型：一是丙烯基二甘醇碳酸酯，二是聚甲基丙烯酸甲酯，三是聚碳酸酯。其中聚碳酸酯是最有前景的镜片材料，称之为21世纪的主导镜片。

很多人都佩戴过隐形眼镜，也叫角膜接触镜，薄薄的一层膜片，既清晰又美观，已经成为很多爱美人士的必备用品。制造隐形眼镜的材料是一种高分子材料——聚羟乙基甲基丙烯酸酯。它是目前市场占有率最高的软镜材料。隐形眼镜片最重要的指标是透光性、人体生理适应性、透氧性和亲水性等，化工材料科学工作者的智慧让戴眼镜的模式发生了巨大的变化，让生活中你更美丽了。

4.1.13 用高分子材料目前可替代或修复哪些人体器官?

目前作为替代或修复人体器官的高分子材料有聚氨酯、硅橡胶、聚酯纤维、聚乙烯基吡咯烷酮、聚醚醚酮、聚甲基丙烯酸甲酯、聚乙烯醇、聚乳酸、聚乙烯等。这类材料的特点是在生理环境中能够长期保持稳定，不发生降解、交联和物理磨损等，并具有良好的力学性能。例如这些高分子材料用于人体假肢、假耳、假眼、假鼻、义齿等，用于与人体组织短期接触的材料，如：人造血管、人工心脏、人工肺、人工肾脏、渗析膜 人造皮肤等；用于长期植入体内的材料，如脑积水症髓液引流管、人造血管、人工瓣膜、人工气管、人工尿道、人工骨骼、人工关节、手术缝合线及组织粘合剂等等。

4.1.14 聚酯纤维（涤纶）为什么成为世界上产量最大的纺织纤维?

聚酯纤维是由有机二元酸和二元醇缩聚而成的聚酯经纺丝所得的合成纤维。

▲ 很多衣服鞋帽的成分都是聚酯纤维（张颖 / 摄）

中国的商品名为涤纶。是当前合成纤维的第一大品种。它是一种非常好的棉花替代材料。纯棉的耐磨性、可染性、可纺性、洗涤后平整性等不及聚酯纤维。聚酯纤维作为面料材料的综合性价比最高。所以我们现在买来的很多衣服吊牌上成分都写聚酯纤维，旅游鞋上的吊牌上也会有聚酯纤维。聚酯纤维已经成为世界上产量最大的纺织纤维。

4.1.15 抗静电、速干等功能纺织面料里的技术秘密有哪些?

抗静电面料是指避免我们穿脱衣服时产生静电的特殊面料。生产抗静电面料的技术秘密有四条：①用抗静电剂进行表面处理；②用亲水性聚合物整理剂处理；③与含导电或抗静电性能的聚合物复合纺丝或共混纺丝；④与抗静电单体共聚。用于加工各种服装、地毯、矿山输送带、汽车内装饰用品和特殊无尘、无菌、无静电工作服。

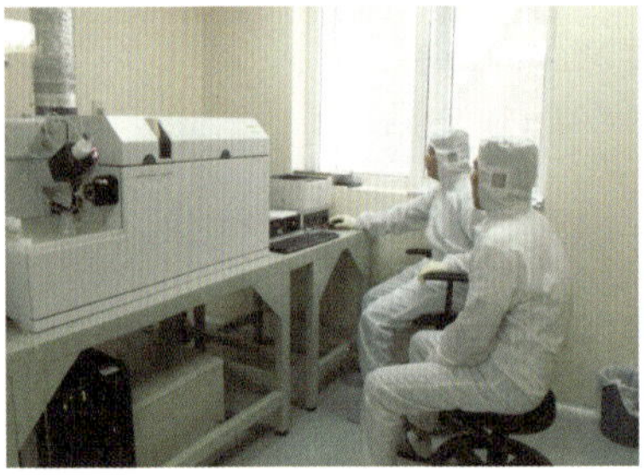

▲防静电无尘服（张颖 / 摄）

速干服装的主要功能是快速排汗，也就是将皮肤上出的汗水迅速吸收、扩散，并通过尽可能扩大面积来加快蒸发速度。生产速干面料的技术秘密有两种：一是物理方法。改变纤维的截面形状，多为“+”和“Y”型，这样就在纤维表面形成了沟槽，通过芯吸作用使汗水快速的到达织物的外表面；二是化学方法。采用与含有亲水基团的聚合物共混及双组分复合共纺的方法，生产具有皮芯复合形式的异形截

▲速干衣（赵思源 / 摄）

面吸湿速干纤维，即亲水性材料作为芯层，常规聚酯作为皮层，两种组分分别起亲水吸湿和导湿的作用。

4.1.16 防弹衣是用什么材料制成的?

防弹衣可分为软体、硬体和软硬复合体三种。软体防弹衣的材料主要以高性能合成纤维为主，如芳纶纤维（商品名凯夫拉，即聚对苯二甲酰对苯二胺）、超高分子量聚乙烯纤维（UHMW-PE）等。这些高性能纤维具有超高强度、高模量、重量轻等特点，它们柔软但能量吸收力极强，受到的冲击产生很大的黏滞阻力以及很好的应力分散，能使飞啸而来的子弹急剧减速，称为软体防弹衣。硬体防弹衣则是以特种钢板、超强铝合金等金属材料或者氧化铝、碳化矽等硬质非金属材料为主体防弹材料。软硬复合式防弹衣的柔软性介于上述两种类型之间，它以软质材料为内衬，以硬质材料作为面板和增强材料，是一种复合型防弹衣。

4.1.17 使我们的房屋冬暖夏凉的保温材料主要有哪些?

冬暖夏凉是我们对居住房屋的基本要求，除了冬天暖气夏天空调外，靠什么使房间内冬天的温暖、夏天的凉爽保持住？一般会对屋外墙面进行外保温处理，常见的处理是外挂保温板，使用的材料主要有聚苯乙烯泡沫板、酚醛泡沫板、聚氨酯泡沫板、膨胀珍珠岩、矿物棉等等。现在，对建筑外墙保温材料的要求，不但保温性能要好，安全性能也要符合国家规范。

▲化工材料使我们的住房冬暖夏凉（张颖 / 摄）

4.1.18 美观又质感的塑料壁纸是用什么材料制造的？

市场上的塑料壁纸，其最大优点是色彩、图案和质感变化无穷。如普通壁纸、发泡壁纸等。普通壁纸用纸或布作基材，涂PVC糊树脂，再经印花、压花、塑化、冷却定型而成。发泡壁纸是用纸或布作基材，涂覆掺有发泡剂的PVC糊树脂，印花后再发泡而成。这类壁纸比普通壁纸显得厚实、质感强烈。

4.1.19 轿车上有哪些部件是高分子材料制造的？

目前轿车上采用塑料材料制造的部件越来越多，大体上可分为功能件和结构件两种。功能件是以利用材料的某些特殊的物理化学性质工作的独立件；结构件是以利用材料的力学性质工作的覆盖件、安装件、壳体、梁架等。不过这种划分也是相对的，往往是二者兼顾或以其中之一为主。另外，不同牌号的轿车，在满足安全性、经济性、舒适性的前提下，相同部件的材料和外观设计可以是各式各样的。

你知道轿车上有哪些部件是塑料材料制造的吗？一般的轿车保险杠是改性聚丙烯材料，也有采用PC/ABS塑料合金或其他共混改性塑料的；油箱是聚乙烯；仪表板和散热器格栅是ABS或改性聚丙烯，也有采用PC/ABS塑料合金的；挡泥板是改性聚丙烯的；车轮箍使用改性尼龙PA或尼龙合金再表面镀铬；前后车灯透镜和天窗材料是聚碳酸酯（PC），灯壳一般用BMC（团状模塑料）、PPS、PC、PBT等制成；门内板由ABS和聚氨酯发泡材料组成；顶棚材料是由聚氨酯发泡，聚丙烯发泡片材，无纺布，聚氯乙烯等组成的；门内手柄是ABS或改性聚丙烯；各类电动控制单元是聚酯（PBT）或聚甲醛（POM）或其他工程塑料。另外还有

▲ 汽车中无处不在的化工材料（张颖 / 摄）

一些内部传动齿轮、含油轴承等也均由尼龙、聚甲醛等塑料制成。

汽车上大量使用高分子材料可以取得减轻自重、降低油耗的效果。随着化工技术的进步，高分子材料在汽车上使用的比例会越来越大，可见化工对汽车行业的发展功勋卓著啊！

4.1.20 化学工业的未来将是什么样的？

提起化工厂，人们脑海里涌现的画面一定是高高大大的塔、罐、烟囱星罗棋布，密密麻麻的管线让人眼花缭乱，同时闪现在脑海的可能还有污染、危险等关键词。化学工业在推动人类社会发展，不断提升人类生活品质的同时，也面临着如何可持续发展的问题。科学家们一直致力于微化工技术的开发并已取得了很好的进展，未来的化工厂在各种化工过程强化技术（超重力、微反应器、反应-分离耦合、微波化工等）的影响下，体积和占地面积大幅度缩小，安全性、精确性大幅度提高，美丽化工、绿色化工将得以实现。除了微化工技术，科学家们正在研究的领域还有利用神奇的碳制造各种碳材料；让药物的使用更加精确、安全和方便；高性能复合材料；大规模储能技术；生物炼制等。清华大学金涌院士主编的《探索化学化工未来世界：值得为之付出一生》中，对化学化工的美好未来作了很好的描述和展望。

▲ 清华大学的金涌院士主编的《探索化学化工未来世界》（张颖/摄）

4.2 做个有科学常识的消费者

4.2.1 为什么要生产 PX？ PX 是哪类化学品?

我国从2007年的厦门PX事件开始，先后发生了大连、宁波、彭州、昆明等一系列的PX群体性事件。从2013年开始，业内的科技工作者和大众媒体做了大量相关的科普工作。

PX是干什么的呢？简单地说，没有PX，就没有我们日常生活中经常会用到的许多东西，比如涤纶服装、塑料瓶、X光片等。

我们知道单靠天然纤维就必然面临一直无解的“粮棉争地”矛盾，实际上关系到十几亿人的吃饭问题；而“粮棉争地”矛盾的最终解决，正是依赖于化学纤维的工业化。聚酯纤维产量在各种化学纤维产量中居首位，已占到国内化纤总量的80%以上和纺织纤维总量（含化纤和棉、毛、丝、麻等天然纤维）的60%以上。而PX正是生产聚酯纤维的主要原料。全球生产的3000多万吨PX，绝大部分都成为聚酯纤维的原料。大量的聚酯纤维被加工成服装，不仅满足全球人口的穿衣问题，还满足了人们对服装色彩、光泽、褶皱、薄厚、透明度等更多的要求。我们每天使用的各种饮料包装瓶也都是以PX为原料制成的；PX已经成为当今人们生活中必不可少的化工元素，融入人们日常生活的衣食住行之中。

让我们认识下PX是哪类化学品。PX中文名为1，4-二甲苯，又称“对二甲苯”，是化工生产工艺中的中间产品之一，有着自身的化学品特性和安全指标。它有个“洋名字”PX（英文P-Xylene的简写）——普通人听起来很神秘，但PX的名字，在我国化学工业的开始发展之时，化工工程师们就沿用这个名字了。

公众为什么谈PX色变？让我们从公众关心的几个方面来揭开PX的神秘面纱。

一是怕致癌？——其实我们日常生活基本接触不到PX

根据《国际化学品安全卡》（国际化学品安全规划署和欧洲联盟委员会合编），PX的致癌性为A4，不能归类为人类致癌物行列，甚至低于汽油的A3。

PX是一种中间化工产品，也就是说，它主要在石油化工生产工艺中出现，用于制造下游产品。PX远不如汽油作为燃料化工用品和人们接触频繁，我们接触的只是PX的下游产品——化学性能非常稳定的聚酯及其制品。

对二甲苯

二是怕爆炸？——其实危险性与汽油同等级别

在危险性方面，PX和汽油同属于我国危险性类别分类中的第3类——易燃液体，它们的蒸气均可与空气形成爆炸性混合物，遇明火、高热能引起燃烧爆炸。但常态下，PX为无色透明状液体，不易挥发。

PX长这样

液体，无色透明，具有芳香气味。

三是怕中毒？——其实PX属于低毒性

根据《危险化学品安全技术大典》、《国际化学品安全卡》等资料显示，PX属于低毒性化学物质，人体吸收过量的PX，会引起头痛、头晕、恶心、呕吐、神经衰弱等症状，与汽油吸收过量症状相似。

当我们深入了解了PX之后，谈PX色变的担忧是不是可以化解了呢？

4.2.2 生活塑料袋的种类和用途有哪些?

生活塑料袋的种类主要有：高压聚乙烯塑料袋、低压聚乙烯塑料袋、聚丙烯塑料袋、聚氯乙烯塑料袋这四种。不同种类的塑料袋，其用途也不同，具体如下：

（1）高压聚乙烯（LDPE）塑料袋的用途：A. 食品包装：糕点、糖果、炒货、饼干、奶粉、盐、茶叶等；B. 纤维品包装：衬衫、服装、针棉品、化纤制品；C. 日化用品包装等。

（2）低压聚乙烯（HDPE）塑料袋的用途：A. 垃圾袋、菌种袋；B. 方便袋、购物袋、手提袋、背心袋；C. 保鲜袋；D. 编织袋内袋。

（3）聚丙烯（PP）塑料袋的用途：主要用于包装纺织品、针棉品、服装、衬衫等。

（4）聚氯乙烯（PVC）塑料袋的用途：A. 礼品袋；B. 箱包袋、针棉品包装袋、化妆品包装袋；C.（拉链式）文件袋、资料袋。

4.2.3 如何选择保鲜袋?

一是注意产品标示的材质：聚乙烯袋（PE）相对安全，现在广泛用于食品的包装；聚丙烯袋（PP）透明度高，主要用于面包、小食品等的包装；聚氯乙烯袋（PVC）也可以用于蔬菜、水果等易腐食品的包装，但对人体有一定的潜在危害，因此PVC保鲜袋禁止用来包装肉食、熟食、豆腐等可以直接食用的食物。

二是用微波炉加热食品时，要选用带有“微波炉专用”的保鲜袋。

三是冰箱里的冷藏、冷冻食品应使用保鲜袋，而不要用普通的塑料袋代替。保鲜袋或膜的特殊工艺和原料具备良好的透气和保鲜性能，而普通塑料袋使用时间稍长就会使食物腐烂变质，达不到保鲜的目的。

四是最好使用无色透明的保鲜袋。

4.2.4 为什么要留意塑料制品的标识?

生活中有很多塑料制品，如水杯、餐盒、奶瓶等。那么，是不是所有的塑料制品都是一样的呢？当然不是，如果你细心观察就会发现，在很多的塑料瓶的底部都有一个顺时针旋转的箭头三角形标志，中间还有一个数字编码，通常在三角形之下还会标明塑料材料的缩写，这是塑料制品标识，便于人们对塑料制品材料品种的分辩与选择。

我国1995年曾经颁布了《塑料包装制品回收标志》，随着塑料材料品种的迅猛发展，我国在2008年新颁布了《塑料制品的标志》(GB/T 16288—2008)替代了老标准。标准范围由塑料包装制品扩大至塑料制品，涵盖140种塑料材料的标识规范。

4.2.5 塑料制品中的数字包含着哪些信息?

标有“1”的表示它的制造材料为PET(聚对苯二甲酸乙二醇脂);

“2”是PE-HD(高密度聚乙烯);

“3”是PVC(聚氯乙烯);

“4”是PE-LD(低密度聚乙烯);

“5”是PP(聚丙烯);

“6”是PS(聚苯乙烯);

“9”是ABS(丙烯腈、丁二烯、苯乙烯三元共聚物);

“43”是PA(尼龙);

“58”是PC(聚碳酸酯)。

每个编号代表一种不同的塑料，制作材料不同，使用禁忌上也存在不同。一般使用者可以在废弃时根据标识进行回收分类工作，你的举手之劳，就是保护环境，绿色生活。

▲ 各种各样的塑料瓶

其实世界上没有无用的垃圾，只有放错地方的资源，参与节约资源、循环经济、绿色发展是我们每一个公民应尽的责任和义务。

THE APPENDIX

附 录

附录 I 中国化学工业的先驱

范旭东

范旭东（1883.10.24～1945.10.04），中国民国时期化工实业家，中国民族化学工业之父、我国重化学工业的奠基人、化工科学研究的先驱。

1910年毕业于京都帝国大学理科化学系。1911年回国。1914～1945年任久大盐业公司总经理。1917～1945年任永利公司总经理。1921～1945年任黄海化学工业研究社董事长。曾于1924年当选为中华化学工业会副会长，1945年当选为中国化学学会理事长。

范旭东发展了精盐产业；开拓了纯碱工业。1917年创建永利碱厂，1926年生产出优质纯碱，创办了我国第一座生产合成氨的联合企业。1937年建成的永利化学工业公司宁厂，生产合成氨、硫酸、硫酸铵及硝酸，为当时具有世界水平的大型化工厂。创办了中国第一个化工科研机构——黄海化学工业研究社。该社除为久大、永利两企业提供技术外，还从事理论研究和资源调查，对盐卤、轻金属、肥料、细菌学等方面的研究皆有成就。

毛泽东同志在挽幛中誉为“工业先导，功在中华”。

侯德榜

侯德榜（1890.08.09～1974.08.26），中国著名化工专家，中国化学工业的先驱者和奠基人之一。

1911年考入北平清华留美预备学堂高等科学习，两年后被保送进入美国麻省理工学院，1917年获化学工程学士学位。1918年入哥伦比亚大学研究院研究制革化学，1921年获博士学位。侯德榜以独创的制碱工艺闻名于世界，所著《纯碱制造》一书于1933年在纽约列入美国化学会丛书出版。这部化工巨著第一次彻底公开了索尔维法制碱的秘密，被世界各国化工界公认为制碱工业的权威专著，同时被相继译成多种文字出版，对世界制碱工业的发展起了重要作用。美国的威尔逊教授称这本书是“中国化学家对世界文明所作的重大贡献”。

1949年4月正在印度工作的侯德榜，得知南京解放，新中国希望他早日回国的消息后，迅速完成手头工作，踏上归程。他转机香港时，国民党先是请他去台湾，被拒绝后就百般阻挠和威胁，三次离港未果。最后绕道南朝鲜仁川，于1949年7月回到祖国。回国后侯德榜继续潜心钻研制碱工艺的工业化生产。1953年在大连进行中间试验，1964年实现工业化，命名为联合制碱法。1958年，为打破国外对中国的经济封锁及迅速增加化肥产量，他又创建了碳化法生产碳酸氢铵的工艺。《制碱工学》是侯德榜晚年的著作，也是他从事制碱工业40年经验的总结。全书在科学水平上较《纯碱制造》一书有较大提高。该书将“侯氏碱法”系统地奉献给读者，在国内外学术界引起强烈反响。

1949年以后，侯德榜先后当选为政协首届委员，第

二、三、四届常委。全国人民代表大会第一、二、三届代表。先后担任中央财经委员会委员，政务院重工业部技术顾问，化学工业部副部长，中国科学院学部委员，中国化学学会及中国化工学会理事长，中华全国自然科学联合会副主席等职。他还先后曾获了美国哥伦比亚大学荣誉科学博士学位及英国皇家学会、美国化学工程学会、美国机械学会荣誉会员、美国机械工程师协会终身荣誉会员。

为纪念侯德榜先生一生为化学工业和化工科技事业发展所做的贡献，中国化工学会于1999年开始设立“侯德榜化工科学技术奖”。该奖项已通过国家科学技术奖励工作办公室审核，被列入首批准予登记的26个社会力量设奖项目。

吴蕴初

吴蕴初（1891.9.29~1953.10.15），中国近代化工专家，著名的化工实业家，中国氯碱工业的创始人。

1921年研制成功味精，1923年成立天厨味精公司，任经理、技师。生产的味精畅销国内以及东南亚各国。1926-1927年先后向美国、英国、法国等国申请专利。1929年成立上海天原电化厂股份有限公司，任总经理。该厂是我国第一家生产盐酸、烧碱和漂白粉等基本化工原料的氯碱工厂。1932年建成了天利氮气厂，用天原厂电解车间放空的氢气制合成氨，部分合成氨再制成硝酸，是我国生产合成氨及硝酸的第一家工厂。1934年建成天盛陶器厂，生产多种耐酸陶管、瓷板、陶质阀门及鼓风机等，创国产耐酸陶瓷工业之先河。

重视科技事业，积极培养人才。1928年，在上海创办了“中华工业化学研究所”。1929年，原设在北平的中华化学工业会南迁上海。中华工业化学研究所与该会建立了合作关系，协助该会迅速恢复了学会活动。天厨味精厂和天原化工厂积极加入该会成为团体会员。吴蕴初担任中华化学工业会理事长，为支持该会活动捐赠会所。1939年举办清寒学生奖学金，支持和帮助浙江大学、上海交通大学、清华大学等校培养化工人才。创办蕴初公益基金，后将此基金全部赠给上海市图书馆。

徐光宪

徐光宪（1920.11.7～2015.4.28），我国著名的化学家和教育家。

20世纪50年代，徐光宪提出了配合物平衡的吸附理论；60年代，他改进和提出了几种测量萃取常数的方法；70年代，提出最优化串级萃取设计方案，建立了新的串级萃取理论；80年代，提出原子价的新定义及其量子化学定义，并首次合成了一系列有特殊结构和性能的四核双氧基稀土配合物。他发现了稀土溶剂萃取体系具有“恒定混合萃取比”基本规律，提出了适于稀土溶剂萃取分离的串级萃取理论，可以“一步放大”，直接应用于生产实际，引导稀土分离技术的全面革新，促进了中国从稀土资源大国向高纯稀土生产大国的飞跃。

徐光宪重视教学工作，出版有10本教科书及专著，包括《物质结构》和《量子化学》等许多重要教材。其中《物质结构》自1959年出版以来，已经修订再版印刷了20余万册，是化学领域重要的教学参考书。徐光宪他不仅培养了博士生和硕士生近百人，还为中国稀土产业界培养了大批工程技术人员。

徐光宪获得2008年度“国家最高科学技术奖”，被誉为“中国稀土之父”“稀土界的袁隆平”。

闵恩泽

闵恩泽（1924.2.4～2016.3.7），我国著名石油化工专家，炼油催化应用科学的奠基人。

20世纪60年代参加磷酸叠合、铂重整、小球硅铝裂化、微球硅铝裂化催化剂的研制，并推向工业化，奠定中国石油炼制催化剂制造的基础。70～80年代，他迎头赶上国际先进水平，开发成功分子筛半合成裂化催化剂制造工艺、钼镍磷加氢精制催化剂等，使我国炼油催化剂品种、质量和生产技术达到当时国际先进水平，并有创新。1980年以后，指导开展新催化材料和新反应工程的导向性基础研究，包括非晶态合金、负载杂多酸、纳米分子筛以及磁稳定流化床、悬浮催化蒸馏等，有的已经工业化，非晶态合金和磁稳定床的工业应用为国际首次。90年代，进入绿色化学领域，开发绿色石化技术，从源头根治环境污染。进入新世纪，指导开发生物柴油及化工产品的技术，已推向工业化。

闵恩泽获得2007年度“国家最高科学技术奖”，并被评为感动中国2007年度人物；被誉为“中国催化剂之父”。2011年国际小行星中心将第30991号小行星永久命名为“闵恩泽星”。2013年，中国石化和中国工程院联合设立“闵恩泽能源化工奖”奖励基金，主要奖励全国范围内在能源化工领域做出突出贡献的优秀科技人员。

附录Ⅱ 近年获得高等级国家技术发明奖、国家科技进步奖部分获奖项目简介

“甲醇制取低碳烯烃（DMTO）技术”
获得2014年度国家技术发明奖一等奖

该奖项由中国科学院大连化学物理研究所刘中民为第一发明人，联合中石化洛阳工程公司、新兴能源科技有限公司等单位，在甲醇制取低碳烯烃技术方面，发明了性能优良的催化剂和节能高效的工艺技术，在神华包头60万吨/年甲醇制烯烃（乙烯、丙烯）工业装置上取得完全成功，该项目开辟了我国乃至全球以煤为原料（煤气化制合成气，合成气制甲醇）制取化工基本有机原料烯烃的路线。继神华包头工业装置以后，全国又有浙江三元60万吨/年等多套装置依托该技术开车成功。

“高效环保芳烃成套技术开发及应用”
获得2015年度国家科技进步奖特等奖

该奖项由中国石油化工股份有限公司戴厚良为第一完成人，参与项目的单位有中国石化石油化工科学研究院、中国石化工程建设有限公司、中国石化扬子石化有限公司、中国石化海南炼化有限公司等十余家单位。

芳烃（主要是苯、甲苯、二甲苯）是基本有机化工主要原料，特别是二甲苯三个同分异构体中的对二甲苯（PX）是生产聚酯纤维（PET）的主要原料，我国每年消费上千万吨，进口逾一半以上。该技术针对芳烃生产中的催化重整、芳烃分离、甲苯歧化、二甲苯异构化、间二甲苯和对二甲苯吸附分离等技术难题，开发了系列的催化剂、吸附剂和工艺技术。2013年底，海南炼化60万吨/年具有自主知识产权的工业装置顺利开车，使中国石化成为全球第三个芳烃成套技术的专利商和技术提供方，为我国建设同类工业装置奠定了良好的技术基础。

“罗布泊盐湖120万吨/年硫酸钾成套技术开发”
获2013年度国家科技进步奖一等奖

该奖项由国投新疆罗布泊钾盐有限责任公司李浩为第一完成人。钾元素是农业发展不可或缺的三大元素之一，我国钾元素缺乏，除了青海察尔汗盐湖的钾盐矿以外几乎没有重要的钾矿。我国科技人员上世纪末在新疆罗布泊发现了钾盐矿，但罗布泊是自然条件十分恶劣的无人区，来自全国各地的科研技术人员、工程建设队伍、经营管理者和工人们，克服重重困难，根据罗布泊钾盐矿的特点，开发了新设备、新工艺，建成了120万吨/年硫酸钾的生产装置。每年向国家提供大量的优质钾肥，极大地缓解了我国钾元素缺乏的现状，并且取得了良好的经济效益。

“煤制油品/烯烃大型现代煤化工成套技术开发及应用”
获2017年度国家科技进步奖一等奖

该奖项由神华集团有限责任公司张玉卓为第一完成人。根据我国“缺油、少气、多煤”的能源矿产禀赋，神华集团开发了世界首套108万吨/年煤直接加氢制油的工业装置，并和中科院大连化学物理所等单位共同开发建设了世界首套60万吨/年甲醇制烯烃的工业装置。项目组克服了设备、催化剂、工艺等方面的重重困难，并且针对项目排放二氧化碳较多的情况，建设了世界首套10万吨/年CCS装置（二氧化碳捕集、储存系统），为二氧化碳减排作出了贡献。

“高效甲醇制烯烃全流程技术”
获2017年度国家科技进步奖一等奖

该奖项由中国石化股份有限公司谢在库为第一完成人。该项目开发了具有自主知识产权的催化剂和工艺技术，完成了反应、产品分离、产品精制的全流程技术，建成目前世界规模最大（360万吨/年甲醇、120万吨/年烯烃）的煤化工项目，直接用坑口煤作为原料，取得了很好的经济效益。

附录Ⅲ 化工科普相关机构

中国化工学会

中国化工学会（The Chemical Industry and Engineering Society of China，简称CIESC）于1922年4月23日在北京成立，是由化工科技工作者和有关单位自愿结成、依法登记成立的全国性、学术性、非营利性社会组织，具有社会团体法人资格，获得民政部评估的5A等级全国性社会组织，是中国科学技术协会的组成成员。

中国化工学会90多年来一直致力于中国化工科技的进步与发展，中国化学工业先驱侯德榜、吴蕴初、闵恩泽等一代代科技精英创建并壮大了中国化工学会。中国化工学会理事会涵盖我国石油和化工领域多位院士、知名学者与科技工作。下设工作委员会，以及化学工程、石油化工、煤化工、精细化工、生物化工、化工新材料、化工环保、信息技术化工应用、工业水处理、化工安全、储能工程、水性技术应用、橡塑绿色制造、过程模拟及仿真等30多个专业委员会。

中国化工学会与国际学术组织有着广泛的联系，并与美国化学工程师协会、日本化学工学会、德国化工技术与生物工程协会、英国化学工程师学会、韩国化学工程师学会等十多个学术团体建立了双边、多边交流和合作关系，是世界化学工程联合会（WCEC）执委会九个成员之一，是亚太化工联盟（APCChE）理事会13个成员之一。2017年，经过多轮激烈竞争，中国化工学会成功获得2025年第12届世界化学工程大会（WCCE 12）暨第21届亚太化工联盟大会（APCChE 2025）主办权。

近年来，中国化工学会在中国科协和学会理事会的领导下，坚持立足石化科技发展、推动技术转化升级、加强化工科学普及、促进国际学术交流、助力精尖人才培养的工作方针，大力开展学术交流、科学普及、创新驱动助力工程、学科建设、人才举荐、承接政府转移职能、国际合作等工作，团结带领广大化工科技工作者开拓进取、奋发有为，为支撑国家化工科技事业发展、促进化工科技人才成长做出了重要贡献。

中国化学会

中国化学会是从事化学或与化学相关专业的科技、教育工作者自愿组成并依法注册登记的学术性、公益性法人社会团体，是中国科学技术协会的组成部分，是我国发展化学科学技术的重要社会力量。同时，中国化学会是国际纯粹与应用化学联合会（IUPAC）、亚洲化学学会联合会（FACS）等7个国际组织的成员，是我国化学学科国际交流的主要民间渠道。

中国化学会于1932年在南京成立。1959年，中国化学会曾与中国化工学会筹委会合并成立中国化学化工学会。1963年又分为化学、化工两个学会。

目前，中国化学会个人会员5万余人，单位会员120余个。中国化学会共主办27种学术期刊，每年组织召开国际和国内学术会议30余项。每两年一届的中国化学会学术年会，参会规模超过万人，是国内化学及相关领域规模最大，层次最高的学术盛会，是中国化学会最重要的学术交流品牌。中国化学会主办的“中国化学奥林匹克”每年超过15万中学生参加，从中选拔优秀中学生代表我国组队参加国际奥赛，为祖国争得荣誉。中国化学会设立青年化学奖等三十余项奖励，表彰化学学科领域的杰出人才，鼓励化学领域的科技创新。

中国化工博物馆

中国化工博物馆是中编办批准成立的国家级行业博物馆，举办单位为中国化工集团公司。旨在展示、收藏中国化学工业的发展历程和重要成果，传播化学工业文明，普及科学知识，开展爱国主义教育。

中国化工博物馆建成于2008年，位于北京市海淀区北四环西路62号（中国化工集团大厦三层），共分8个展厅，通过生动的展品及图文，辅以各种先进的展示手段，向观众详尽展示中国化学工业从古至今的发展历程，以及化工如何改变我们的生活，让我们的生活更加美好。通俗易懂向大众普及化工是什么，化工为什么，化工干什么。

中国化工博物馆改扩建项目已经拉开帷幕，选址在西城区六铺街1号，占地14572平米，建筑面积约7万平米。新建博物馆的展览将充分应用各种先进展示手段，向观众展示“化工之道”的博大精深，以及“化工之器”的神奇多彩。

北京化工大学

北京化工大学创办于1958年，原名北京化工学院，是新中国为“培养尖端科学技术所需求的高级化工人才”而创建的一所高水平大学。作为教育部直属的全国重点大学，国家“211工程”和“‘985’优势学科创新平台”重点建设院校，肩负着高层次创新人才培养和基础性、前瞻性科学研究以及原创性高新技术开发的使命。

北京化工大学经过半个多世纪的建设，已经发展成为理科基础坚实，工科实力雄厚，管理学、经济学、法学、文学、教育学、哲学、医学等学科富有特色的多科性重点大学，形成了从本科生教育到硕士研究生、博士研究生、博士后流动站以及留学生教育等多层次人才培养格局。建校以来，北京化工大学已为国家输送了12万余名各类人才。

学校科研工作发展迅速，承担重大项目、解决国家经济社会发展重大需求问题的能力进一步增强，科技经费不断创出历史新高，全校人均科研经费名列全国高校前茅。2001年以来，学校已有26个科研项目获得国家科技大奖，拥有3个国家自然科学基金委员会创新研究群体，6个教育部长江学者创新团队，1个国家国防科工局第二批国防科技创新团队。2016年学校科技经费到款7.27亿元，获得省、部级科技奖励7项，获专利授权335项，鉴定成果7项。

化学工业出版社

化学工业出版社（简称化工社）组建于1953年，经过多年发展，现已成为专业特色突出、品牌优势明显、有良好知名度和信誉度的中央级综合科技出版社。

化工社坚持“服务读者、面向市场、立足化工、传播科技”的出版宗旨，秉持“严谨、创新、合作、诚信”的核心价值观，实施“出精品、树品牌、创高效”的经营理念，始终把坚持正确的出版方向、坚持社会效益第一作为工作的出发点和立足点。出版领域涉及专业图书、科技教材、大众读物以及科技期刊、电子出版物和数字出版物等几大门类。

化工社先后于2007年、2010年、2013年和2017连续四次获得中国出版政府奖先进出版单位奖；2009年在全国经营性图书出版单位等级评估中被评为一级出版单位，荣获“全国百佳图书出版单位”荣誉称号；2015年入选新闻出版广电总局“第二批数字出版转型示范单位”；被北京市新闻出版局评为“北京绿色印刷工程优秀出版单位”；连续14年获得“中央国家机关文明单位”称号。建社以来，有2000余种出版物获得各类省部级以上奖励，其中获得国家级奖项的出版物近100种。

中国化工报社

《中国化工报》是面向石油和化学工业，以产经类新闻和信息为主要内容的行业报，由中国石油和化学工业联合会主管、主办，中国化工报社出版。

《中国化工报》全方位报道国内外石油和化学工业及相关领域重大新闻、国家产业经济政策、市场行情和信息、贸易和投资热点、业内重大项目、最新科技成果、国际化工动态等内容。多年来，《中国化工报》秉承全心全意为中国石油和化学工业持续健康发展做好舆论宣传和信息服务的宗旨，坚持“新深结合、内外结合、专商结合、点面结合”的编辑方针，已经成为行业不可或缺、无法替代、难以模仿的行业信息平台。

《中国化工报》每周一至周五出版，对开8版，彩色印刷。目前设有综合要闻、科技创新、市场信息、企业新闻、国际化工、环保安全、专题报道、分类信息等版面。

中国石化出版社

中国石化出版社有限公司是中国石油化工集团公司主管和主办的中央级科技出版社。中国石化出版社有限公司的前身是烃加工出版社，于1984年12月经文化部批准成立；1992年12月经国家新闻出版署批准，更改为中国石化出版社。2010年12月，按照中央文化体制改革领导小组统一部署，完成转企改制，更名为中国石化出版社有限公司。2016年中国石化出版社有限公司与中国经济出版社整合组建中国石化出版有限公司。

中国石化出版社有限公司主要出版石油天然气、石油炼制、石油化工、石油产品、石油化工装备、石油石化安全生产和环境保护等方面的科技图书、手册工具书、大中专教材、职工培训教材和行业标准规范等。

中国石化出版社有限公司的办社宗旨是：高举中国特色社会主义伟大旗帜，以邓小平理论、“三个代表”重要思想和科学发展观为指导，严格遵守党和国家的出版政策和法规，始终把社会效益放在首位，坚持正确的出版方向，努力为社会、为人民、为石油石化工业服务，努力为读者提供优秀的精神文化产品，建设具有鲜明专业特色和一流专业品牌的科技出版社。

中国石油和化工科普联盟

2016年6月5日正值“世界环境日”，在中国石油和化学工业联合会指导下，由中国化工报社、北京化工大学、化学工业出版社、中国化工学会、中国化学会、中国化工博物馆六家单位联合发起的公益性化工科普组织——“中国石油和化工科普联盟”在北京正式成立。

独行者速，众行者远。建设中国石油和化工科普联盟平台必将凝聚起行业内外有志于致力化工科普的各方力量，踊跃投身于这一关乎行业发展未来、关乎社会公众健康福祉、关乎国家强盛发达的科普活动中来，共同推动石油和化工健康发展，创造人类美好生活的未来。

参考文献

[1] 李华. 石化与生活系列科普丛书[M]. 北京：中国石化出版社，2017.

[2] 姚虎卿. 化工辞典[M]. 5版. 北京：化学工业出版社，2014.

[3] 朱百善，程哲生，王子康. 英汉炼油辞典[M]. 2版. 北京：中国石化出版社，2000.

[4] 刘有智. 化工过程强化方法与技术[M]. 北京：化学工业出版社，2017.

[5] 金涌. 探索化学化工未来世界[M]. 北京：清华大学出版社，2016.

[6] Lucy Pryde Eubanks，Catherine H.Middlecamp等编著. 段连运等译. 北京：化学工业出版社，2008.

[7] 张海峰. 危险化学品安全技术大典（第Ⅰ卷）[M]. 北京：中国石化出版社，2010.

[8] 纪红兵. 石化科普知识[M]第二版. 北京：中国石化出版社，2016.

[9] 中国化工博物馆. 中国化工通史（行业卷）[M]. 北京：化学工业出版社，2014.

[10] 中国石化网上博物馆[EB/OL]. http：//museum.sinopec.com/complete/startpage.html.

[11] 百度百科[EB/OL]. https：//baike.baidu.com/.

[12] 国际化学品安全卡[EB/OL]. http：//icsc.brici.ac.cn/.

[13] 中国科学技术协会. 中国科学技术专家传略　工程技术编：化工卷（1）[M]. 北京：中国科学技术出版社，1999.

族 / 周期	I A 1	II A 2	III B	A 16	VII A 17	0 18	电子层	0族电子数
1	1 H 氢 $1s^1$ 1.008					2 He 氦 $1s^2$ 4.003	K	2
2	3 Li 锂 $2s^1$ 6.941	4 Be 铍 $2s^2$ 9.012		O 氧 $2s^22p^4$ 6.00	9 F 氟 $2s^22p^5$ 19.00	10 Ne 氖 $2s^22p^6$ 20.18	L K	8 2
3	11 Na 钠 $3s^1$ 22.99	12 Mg 镁 $3s^2$ 24.31		S 硫 $3s^23p^4$ 2.06	17 Cl 氯 $3s^23p^5$ 35.45	18 Ar 氩 $3s^23p^6$ 39.95	M L K	8 8 2
4	19 K 钾 $4s^1$ 39.1	20 Ca 钙 $4s^2$ 40.08	21 S 钪 $3d^1$ 4 44.96	Se 硒 $4s^24p^4$ 8.96	35 Br 溴 $4s^24p^5$ 79.9	36 Kr 氪 $4s^24p^6$ 83.8	N M L K	8 18 8 2
5	37 Rb 铷 $5s^1$ 85.47	38 Sr 锶 $5s^2$ 87.62	39 钇 $4d^1$ 88.9	Te 碲 $5s^25p^4$ 27.6	53 I 碘 $5s^25p^5$ 126.9	54 Xe 氙 $5s^25p^6$ 131.3	O N M L K	8 18 18 8 2
6	55 Cs 铯 $6s^1$ 132.9	56 Ba 钡 $6s^2$ 137.3	57~7 La~L 镧系	Po 钋 $6s^26p^4$ 09〕	85 At 砹 $6s^26p^5$ 〔210〕	86 Rn 氡 $6s^26p^6$ 〔222〕	P O N M L K	8 18 32 18 8 2
7	87 Fr 钫 $7s^1$ 〔223〕	88 Ra 镭 $7s^2$ 〔226〕	89~10 Ac~L 锕系					

001年国际原子量表，并全部取4位

镧系	57 La 镧 $5d^16s^2$ 138.9	58 Ce 铈 $4f^15d^16s^2$ 140.1	59 r	69 Tm 铥 $4f^{13}6s^2$ 168.9	70 Yb 镱 $4f^{14}6s^2$ 173.0	71 Lu 镥 $4f^{14}5d^16s^2$ 175.0
锕系	89 Ac 锕 $6d^17s^2$ 〔227〕	90 Th 钍 $6d^27s^2$ 232.0	91	101 Md 钔* $(5f^{13}7s^2)$ 〔258〕	102 No 锘* $(5f^{14}7s^2)$ 〔259〕	103 Lr 铹* $(5f^{14}6d^17s^2)$ 〔262〕